ムダ吠え・カミぐせ・トイレ問題…

# たった5分で
# 犬はどんどん賢くなる

藤井　聡

青春出版社

## はじめに　たった5分で愛犬が変わりだす秘密

「首輪をつけようとすると、鼻にしわを寄せて、歯をむいてうなるんです」

「かみぐせがひどく、私たちの手や足は傷だらけです」

「玄関チャイムが鳴るたび、人の気配がするたび、吠えて吠えて……」

「道に落ちているものは何でも拾い食いして困ります……」

私のところには、全国から愛犬に悩む多くの飼い主さんが来られます。しつけ教室に通っても、いっこうに改善しない。訓練所に預けても、家に帰ってきたら元通り。そして、「最後の駆け込み寺」として頼って来られるのです。

ムダ吠え、かみつき、引っ張り、マーキング、いたずら、トイレの失敗……等々。「困っています！　なんとかしてほしい」という相談に、私はこう答えます。

「大丈夫、たった5分でおりこうさんに変わりますよ」

こういうと信じられないかもしれません。しかし、人間と違って高い学習能力をもつ犬だからこそ可能なのです。先に挙げた例の場合、このような解決法があります。

◎**首輪を嫌がって抵抗するときは**…手で輪っかをつくり、輪の中からエサを差し出しながら犬が首を通す遊びをする。これを5分ほど繰り返すうちに、犬は首輪に抵抗がなくなり、自分から頭を入れるようになる…▼86ページ

◎**かみぐせには**…エサをひと口ずつ食べさせる。これを5分ほど繰り返すと、エサはリーダーである飼い主からもらうものだと学習し、主従関係が築かれて、二度とかまなくなる…▼50ページ

◎**玄関チャイムに吠えるときは**…少し水の入ったペットボトルを、知らん顔をして近くに落とす（愛犬にぶつけるわけではありません）。これを5分ほど繰り返すうちに、吠えると「天罰」が下ると学習して、吠えなくなる…▼20ページ

◎**拾い食いには**…あらかじめ道におやつをばらまいておき、愛犬が食べようとするとリードでストップ。おやつは飼い主さんが愛犬に手渡しする。これを5分ほど繰り返すうちに、落ちているモノは食べてはいけないことを学習する…▼100ページ

それまでやんちゃをしていた愛犬が、5分もたたないうちに落ち着いた態度に変身する様子に、「うちのコじゃないみたい」と皆さん、驚かれます。

また、誤解がないよう注意していただきたいのは、**どの方法も、厳しく叱ったり、力で制したりして、愛犬を無理やり矯正するものではありません。**犬の習性や学習能力を利用して、自主的に「いい行動」を引き出すものばかりです。

世間では「バカ犬」「ダメ犬」という言葉がよく聞かれます。しかし、50年以上犬と共に暮らし、今まで数千頭ものさまざまな犬種を指導してきた経験から言えば、もともとバカな犬、ダメな犬は一頭もいません。どんな犬でも大丈夫。ふだん叩いてしつけるなど暴力的な対応をせず、誠実な接し方をしてきた犬なら、みるみる変わっていきます。

本書では、犬を飼い始めて困っていることはあるけれど、「今までのやり方ではなかなか改善しない」「一からしつけ直すのは大変」という方のために、**とくに短時間で効果的なテクニックを選んで紹介しました。**

この本が、あなたの大切なパートナーである愛犬と幸せに暮らすための一助となれば幸いです。

藤井　聡

うちの犬ってほんとバカ犬
散歩にいけばひっぱるし
人が来れば吠えまくり
遊んでやれば
かみつくし…
おかげでみんな傷だらけ
エサはどうした
ワンワン
困ったね〜
叱るとよけい吠えるし……

ちょっと待った！
世間にバカ犬なんていませんよ
藤井聡訓練士
5分
たった5分でおりこうになるんですよ
たとえば吠え癖をなおすには
ピンポーン
水入りペットボトルを用意して
ぶつけずに投げる
吠えるとヘンなことが起こるぞ
もうやめよう
……と学習する
おまえって名犬だったのね
さあ短時間でできるしつけ他にもいろいろありますよ

目次

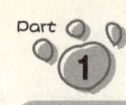

Part 2

## 根本からなおす！「かみぐせ」「うなりぐせ」「飛びつきぐせ」解消編

Part 3

もっと仲良くなる！

# 「散歩中のトラブル」解消編

## Part 4 気持ちがわかればカンタンにできる！「トイレ」「留守番」「いたずら」解消編

カバー写真　森田米雄
本文イラスト　ゆーちみえこ
編集協力　コア ワークス
本文デザイン　ハッシィ

Part 1

# 叱りゼロ！
# 「吠えぐせ」解消編

吠えつづける愛犬に「静かにしなさい！」と大声で叱った経験はありませんか。
でも、飼い主さんが大声を出せば出すほど、犬は興奮してますます吠えてしまうもの。
犬の学習能力を上手に使えば、自主的にムダ吠えをしなくなる方法を紹介します。

## 1 玄関先で吠える犬には〝マット作戦〟

玄関のチャイムが「ピンポ〜ン♪」と鳴ったとたん、「ワ、ワン！」と吠えながら玄関にすっ飛んでいく。そんな愛犬に「コラ！　静かにしなさい！」などと大声で叱れば叱るほど逆効果。興奮して、ますます激しく吠えるものです。なぜなら、犬には飼い主さんの叱り声が「もっと吠えろ！」という声援に聞こえてしまうからです。

そんなとき、犬自身に「もう吠えるのをやめよう」と思わせる方法がこれ。まず、玄関マットを〝滑る〟ように裏返しにし、マットの片端にヒモを取り付け、上がり框《かまち》に敷いておきます。そして、チャイムの音とともに犬がワワンと玄関にすっ飛んできた瞬間、マットに取り付けたヒモをサッと引くのです。犬は足元がすくわれ、〝スッテンコロリン〟。繰り返すうちに、

「ワワンと吠えて玄関に走って行くと、なぜかイヤなことが起こる」と学習します。

ポイントは、吠えている犬に「静かにしなさい！」などと声をかけないこと、絶対に目線を合わせないことです。なぜって？　声を出すと、犬は興奮して思考回路が働かなくなります。目線を合わせると、犬と〝対決〟することになり、飼い主さんに不

信感を抱いてしまう場合があります。スッテンコロリンしたのは〝天罰〟。犬がそう感じて「イヤなことは自ら避ける」ように仕向けるのが天罰方式です。

愛犬が転んでケガをしないかと心配になるかもしれませんが、犬社会では、犬同士組み伏せたり地面に押さえつけたりして自分の地位を確認します。室内では問題ないでしょうが、コンクリートなど、硬い場所は避けておこなってください。

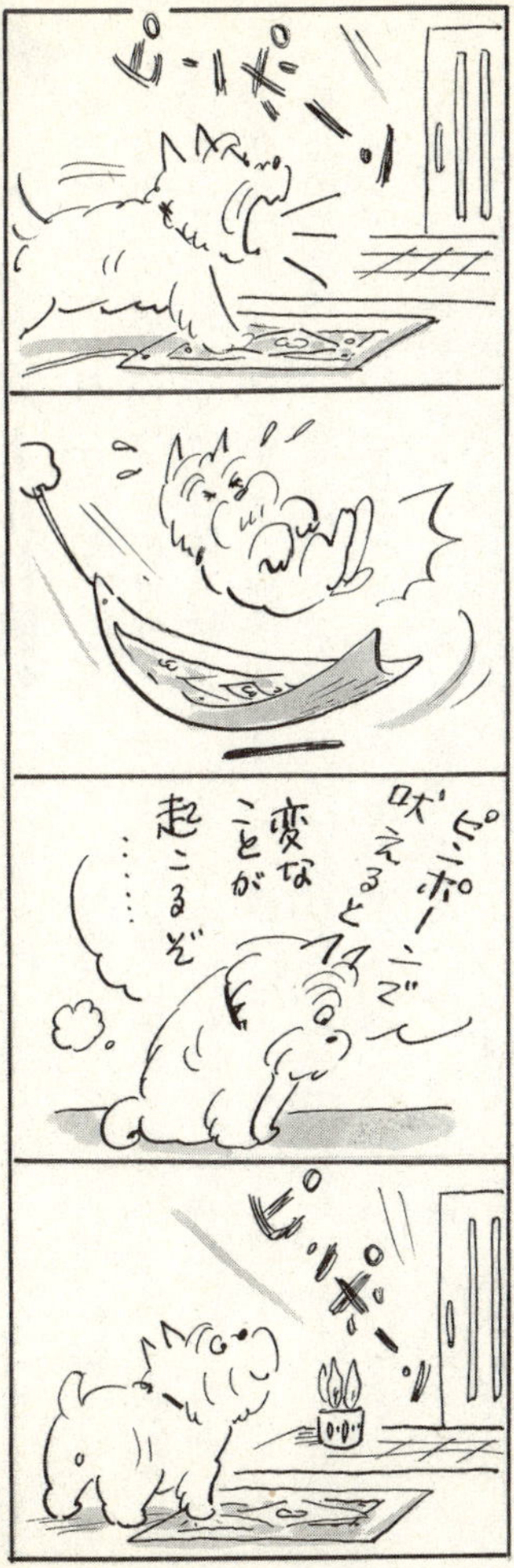


**5分テク**

**吠えた瞬間、ヒモ付きマットをサッと引いてスッテンコロリン。繰り返すと犬は「吠えると天罰が起こるからやめよう」と学習する。**

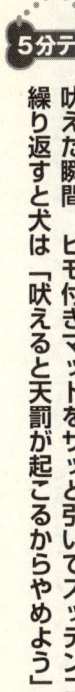

## 2 電話やチャイムの音で大騒ぎしなくなる〝ペットボトル作戦〟

そもそも犬は、群れで行動し、テリトリーを守ろうとする意識の強い動物です。だから、外敵の侵入にはことのほかデリケート。玄関に近づく足音やチャイムの音は、犬にとってはさしずめ「外敵が侵入してくるゾ〜！」という警戒音なのです。

だから吠えるわけですが、何度か吠えても、飼い主さんの「マテ」「スワレ」などの制止でやめるのであれば、まったく問題はありません。「だれか来たよ」と群れのリーダーである飼い主に知らせ、そこまでを自分の役割と心得ているからです。

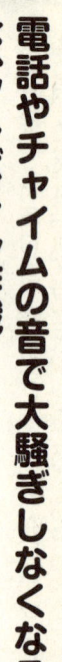

「リーダー（飼い主さん）が守ってくれる」と安心しているから吠えないのです。

ところが現実は、飼い主の制御も聞かず、ワンワンと吠えつづける。これは犬がリーダーになり、「自分が（飼い主さんを）守ってやる！」と立場が逆転してしまっているから。外敵から群れを守るという緊張を強《し》いられた犬は、本当はヘトヘト。飼い主も周囲への気遣いでヘトヘト。集合住宅に住んでいるならなおのことです。

でも、犬に「なんで吠えると天罰が起こるのかな」と考えてもらう〝ペットボトル作戦〟なら、あっという間に変わります。ペットボトルに少し水を入れ、ワンワンと

吠えたときに、犬の顔を見ないで足元にポイ。愛犬は驚いて静かになるでしょう。数回繰り返すと、もう吠えなくなります。

ペットボトルを探している間に、タイミングを逃してしまうという人は、家のなかの何カ所に置いておけばいいでしょう。犬が「ワンワン」と吠えて動く動線ではなく、飼い主が〝居る〟場所、リビングやダイニングがベストポジションです。

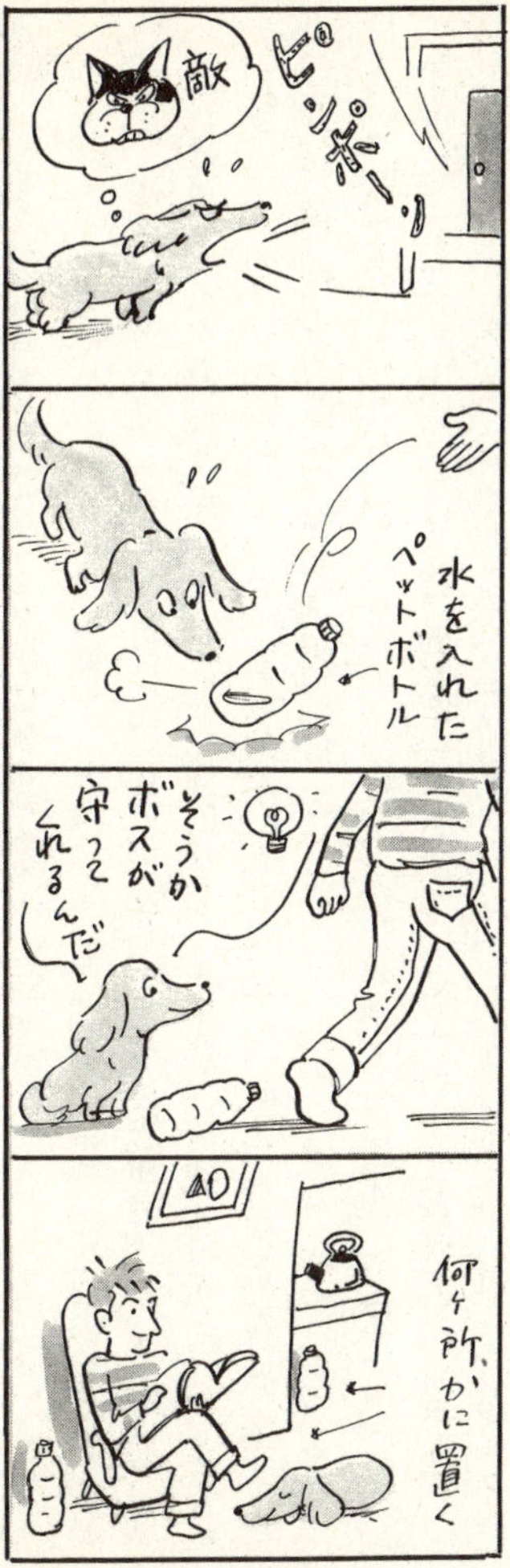

**5分テク**

**吠えたら、水を入れたペットボトルを足元に投げる（犬にぶつけないで）。「吠えると不快なことが起こる」とわかると、吠えなくなる。**

## 3 ちょっとした音にも敏感なコには“リードをチョン”が効果的

玄関チャイムにかぎらず、音に敏感な犬はいます。周囲の車やバイクの音、人の話し声、足音など、ちょっとした音に反応して「ワン」と吠えます。

神経質で、少し臆病な犬ほどそうした傾向がありますが、前項でお伝えしたように、「(飼い主さんに) 守られている」という安心感がないから吠え、自分の領域 (家) を守ろうと威嚇《いかく》する必要があるのです。

いつ吠えるかわからない犬には、「つけっぱなしリード」を試してみてください。家のなかでもリードをつけっぱなしにしておいて、「ワンワン」と吠えたら瞬時にリードをチョンと真上に引くのです。両前足が少し浮き上がるくらいの引き方がベスト。ただし、リードは張ったままにしないこと。引いたらゆるめて、またチョン、です。

これを犬が吠えつづけている間おこなってください。鳴きやまないうちにやめてしまうと、首に不快な感覚を受けただけで、犬には「何がいけなかったのか」がわかりません。18ページで説明したように、愛犬に声をかけない、目線を合わせないことも大切なポイントです。

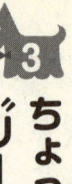

なお、リードで首を引っ張るのはかわいそうに思われるかもしれませんが、これは母犬が子犬にするしつけと同じやり方。母犬は子犬の首をくわえて、してはいけないことを教えるのです。

家のなかでリードを引きずって歩くとうるさいようなら、散歩用とは別に軽いヒモ状のリードにつけ替えればいいでしょう。これなら歩き回っても邪魔にはなりません。

**5分テク**

**リードをつけっぱなしにして、吠えたらリードを真上にチョンと引く。子犬の首をくわえ込む母犬のしつけと同じやり方で「してはいけないこと」を学ぶ。**

## 4 「放し飼い」をやめるだけで、安心して静かになる

犬がいちばん安心して落ち着いていられる場所はどこでしょう？　実はハウスのなかなんです。外敵から守られたハウスで過ごしていれば、すぐに玄関チャイムや周囲の音に反応して吠えることは、本来少ないはずです。

ところが、家のなかで〝放し飼い〟にしている場合は、そうはいきません。「守ろう」とする意識が高ければ高いほど守備領域も広くなり、あっちへ行っては吠え、こっちでまた吠え、と忙しく走りまわることになってしまいます。

そもそも、子犬のころにハウスで過ごす習慣をつけておけばよかったのですが、大丈夫。「つけっぱなしリード」を行えば、犬はこんなふうに考えるようになります。

「散歩から帰ったら、いつもは首輪とリードをはずしてもらえるのに、別のリード（おうちリード）に付け替えられるよ。なんで？」

犬の様子を観察していると、戸惑った感じがしませんか？　飼い主さんがリードの片端を持っていることによって、家のなかを動き回れる範囲も狭くなっています。

「いつもはチャイムの音で玄関まで行けたのに、リビングから出られない。なんで？」

犬は自ら考え、「もう守らなくてもいいかも」と、縄張りを守ろうと吠えたり走り回ったりしなくなります。もともと群れで生活してきた犬は、リーダー（飼い主さん）に服従し、守ってもらうほうが幸せです。

ただし、いつもいつも飼い主がリードの片端を持っているわけにはいきませんから、そんなときは椅子やテーブルにリードをくりつけておけばいいでしょう。

放し飼いの犬は…
広い家を守らなくちゃ ああ 忙しい
おうちリード
行けない…
さんぽじゃないのに
なんでリード？
守んなくてもいいのかも


**5分テク**

**家のなかでリードをつけた状態にして「放し飼い」をやめると、家を守ろうと吠えまわったりしなくなる。**

## 5 お酢スプレーのひと吹きで、一瞬で静まる

警察犬や災害救助犬などは、人間の数万倍といわれるすぐれた「嗅覚」を生かして活躍しています。ワンワン吠える犬には、この臭いに〝敏感〟な特性を逆利用する手があります。

スプレー容器に水で2倍程度に薄めたお酢を入れれば「お酢スプレー」の完成です。手にとりやすいところに置いておき、「ワワン」と吠えたら、知らんぷりして犬の頭上にシュッシュッ（目などに直接かけないように注意してください）。

この瞬間、犬はお酢の刺激臭でクシュンとくしゃみの連続です。臭いに敏感な犬は、とても吠えている場合ではありませんから、あっという間に吠えなくなります。

ただし、吠えるたびにお酢をスプレーしていたら、部屋中がお酢の臭いで充満し、〝イヤな臭い〟効果も、しだいに薄れていってしまいます。そこで、お酢スプレーと「符号」をセットにして条件づけるといいでしょう。

「イヤな臭いがしたぞ」と犬が感じた瞬間に、「シー」などの言葉の符号を重ねます。すると犬は考えます。

「シーという言葉が聞こえたら、あのイヤな臭いをかがなきゃいけないんだった。ワンワンは、やめとこっと」

天罰方式をおこなうコツは、愛犬と目線を合わせず、言葉をかけないこと。しかし、この場合の「シー」はあくまで符号。ほかの言葉を交えずトライしてみましょう。

犬は臭いに敏感
2倍にうすめた酢
同時に
クシュン
シーッ
シーッ
おっと吠えるのやめるよ

5分テク

**犬が吠えたら、頭上にお酢スプレーをシュッとひと吹き。直後に「シー」の言葉をかけてしつけるのも効果的。**

## 6 家族の協力で、「天罰方式」を成功させるコツ

玄関チャイムも環境音も、突然鳴りだします。ですから、吠える犬に、〝天罰〟方式で対応するにも「間に合わずに失敗……」なんてことが多いかもしれません。

玄関マットのヒモやペットボトルやお酢スプレーを探しているうちに犬のボルテージが下がってきて、タイミングを失ってしまった。そういう飼い主さんもいます。ワンワンと吠えたとたん、飼い主がパニックになってしまい、「ああ、どうしよう」と慌てふためく。慌てれば慌てるほど、犬にはそれが伝わり、せっかくの〝天罰〟も、「飼い主がイヤなことをしようとしている」になってしまう可能性は高いといえます。

ここは、「協力者」を動員しましょう。玄関チャイムや環境音を〝待つ〟のではなく、あえてチャイムを鳴らすなど、〝迎える〟ことで対応するのです。家族で役割を分担する、あるいは友人に協力してもらいます。

「いま、ヒモを持ったからチャイム鳴らしてくれる?」

携帯電話で協力者に伝えます。玄関マットなら、ヒモを引きやすいところにあらかじめ隠れているといいかもしれません。リードなら、〝真上にチョン〟しやすい場所に、

リードの端を持って立つ（座る）、ペットボトルやお酢スプレーも、さりげなく手元に引き寄せておくといいでしょう。

天罰が下ったあとも肝心です。チャイムを鳴らしたのが家族であることを悟られてもいけません。犬にはしばらく「考える」時間を与えましょう。

**5分テク**

**リードを愛犬につけた状態で、誰かにドアホンを鳴らしてもらう。犬が吠えたとき、リードを一瞬ゆるめてからキュッと引く天罰方式を。**

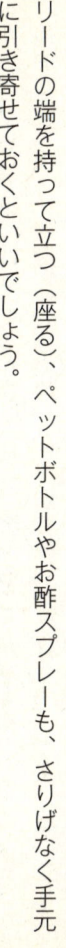

## 7 「エサの催促吠え」にはおうちリードが大活躍

食器にエサをザザザァ～と入れる音を聞きつけたとたん、ワワンと吠える。そればかりか、食器を持った飼い主さんに飛びついてエサを欲しがる……。「待ちなさい！」などと声をかけると、ますます「食べさせろ」とばかりに吠えたてます。さらに、これが毎日くり返されると、習慣性の強い犬は、「吠えて飛びつけば、エサがもらえるもの」と勘違いしてしまいます。

こんな場合にも〝おうちリード〟が大活躍します。犬にリードをつけておき、2人で役割分担。ひとりがエサ係になり、もうひとりが〝リードチョン〟係になります。エサ係がドッグフードをエサ容器に入れると、「ザザザァ～」という音が条件反射になっていますから、犬はここでワワンと飛びつきます。

このとき、もうひとりのリード係が犬の後ろからリードを真上にチョンと引きます（22ページ参照）。吠えたらまたチョン、飛びついたらもう一度チョン。首に不快な感覚が伝わることで、犬ははじめて冷静になり、考えることができるのです。

何度かのチョンで態度が変わらなければ、即終了。エサはお預けです。飼い主さんは知らん顔でその場を去ってください。

ここで犬は「吠えて騒いでいるうちはエサにありつけないぞ」と考え、ザザザァ～の条件反射がなくなるわけです。犬が落ち着きを取り戻し、要求行動がなくなったら、いつもの場所にポン。

「オスワリ」「マテ」「ヨシ」の符号で、食事を始められることを学習するのです。

ザザ～
こんな犬には
リードチョン係
エサ係
ザザ～
ワ…
吠えたらチョン
ザザ～ッ
で吠えるとやなことが起きるぞ…

**5分テク**

**エサ係がエサを準備し、吠えたらリード係がリードをチョンと引く。「吠えている間はエサがもらえない。吠えるのや～めた」となる方法。**

## 8 「エサをおとなしく待てる」コツは食事タイムをずらすこと

家族の食事がそろそろ終わるとみるや、いつも食器が置かれる場所の前でちょこんと座って待つ姿はかわいいものです。飼い主さんと犬との間に信頼関係が築かれていれば「待つ」ことができますし、吠えてエサの催促をすることはありません。

しかし、家族そろって毎日同じ時刻に食事をするとはかぎりません。それぞれ別の食事タイムになったりすることもあるでしょう。〝いつもの時間〟にエサが出てこないと、犬はそわそわしたり、催促吠えをしたりということにつながりやすくなります。

そうならないコツは、いつも同じ時間、同じ人がエサを与えないことです。

エサを与えるのがいつもお母さんの役目ならば、だれが、いつ食事をしようが、犬は自分の食事を管理してくれるのは〝お母さん〟と認識します。こうした「定型」をやめるのです。

ときには帰りの遅いお父さんの食事が終わったあと、ときには塾へ通う子どもの少し早い食事のあと、それぞれの食事が終わったあとで、エサの時間を変え、与える人も変えていきます。そして、お母さんの食事が終わったあとも、1～2時間、意識的に食事時間をズラしていくのです。定型が崩れれば、犬はいつ食事の時間がきても、対応できるようになります。

子犬の頃は1日に2～3回だった食事も、成犬になると1日1回でも十分な栄養摂取ができるようになりますから、「定型」をやめるのは、将来の健康管理にもつながります。

**5分テク**

**エサの「時間」と「人」を決めないこと。「ごはんはいつも同じ時間、同じ人がくれるものじゃない」とわかれば、催促吠えはしなくなる。**

## 9 「朝吠え」がやむ〝おさんぽタイム〟の習慣

早朝からうるさく吠える声に悩まされているという飼い主さんは多いようです。そう、散歩の催促です。近所迷惑だからと、急いで散歩に連れて行っていると大変。犬は「吠えると散歩に行ける」とカン違いしてしまいます。犬の考えはこう。

「起きるの遅いじゃないか！　〝散歩の時間〟だよ〜」

「ごめんごめん。そんなに吠えなくたって、すぐに行くから、待っててよ」

と飼い主さんが声をかけていたら、犬はますます吠えれば吠えるほど、早く散歩に行けることを学習してしまいます。


そこで、「吠えても散歩には行けない」とわからせるために、吠えても徹底して無視するのが定石《じょうせき》ですが、ご近所の手前、そういうわけにもいきません。まずは「エサの時間」同様、朝の決まった時間に散歩する習慣をやめましょう。

そして、つけっぱなしリード（22ページ）をつけ、吠えている間、リードをゆるめて真上にチョンと引く、を繰り返します。吠えても要求は通らない、ということを考えてもらいます。真上にチョン、を繰り返すうちに、吠えなくなります。しつこいようなら、家のなかでリーダーウォーク（88ページ）をするのも方法です。

そして、少し落ち着いてきたら、室内トイレへ誘導。散歩中にトイレをするのが習慣になっていると、天候が悪い日など、散歩に行けないときに困ったことになります。朝起きていちばんにすることは家のなかでの排泄、と犬に理解させましょう。理解できれば、すぐ、いいコになります。

5分テク

**つけっぱなしリードで、吠えたらリードを真上にチョン、を繰り返す。「朝起きたら家でトイレ」で散歩中しかトイレできない習慣をやめるのも大事。**

## 10 「外に出して！」と吠える犬には〝ハウス作戦〟

室内犬のさまざまなトラブル。ほとんどの場合、犬に問題はありません。じつは、飼い主さんが愛犬のためを思ってやっている飼い方に問題があるのです。

「そんなに広い部屋じゃないけど、自由に遊ばせてあげたい」

そう飼い主さんは考えて、部屋のなかで放し飼いをする。でも、犬と人では価値観も習性も違います。ムダ吠えやいたずら、トイレの粗相……など、困ったトラブルを生んでいるのは、ほかでもない、その放し飼いなのです。

前に述べましたが、室内で放し飼いにすると、犬にとっては部屋全体が自分の「縄張り」になり、それを守ろうと、たえず神経をとがらせ警戒しなければなりません。

そうはいっても、ずっと放し飼いにされてきた犬を、いきなりハウスに入れたら、おとなしくしているわけはありません。「早く出せ！」とばかりに吠え立てるでしょう。

そこで、情に負けてハウスの外へ出してはいけません。吠えているあいだは、絶対、ハウスのドアを開けないことです。開けてしまったら、「吠えたら、ドアが開く」と犬が理解してしまいます。

いつまでも吠えつづけるようなら、こんな奥の手があります。ハウスの後側をちょっと持ち上げる。平らだったハウスの床が斜めになるわけですから、不安定になった犬は吠えるのをやめます。黙ったら下ろす。そこで、また吠え始めたら、持ち上げるのです。これを5分も繰り返したら、「黙っていたほうがいい」と犬が考えて、ハウス内では静かにしているようになります。

**5分テク**

**犬が吠えたらハウスを持ち上げて傾ける。吠えるのをやめたら下ろす。これを繰り返すと、「黙ったほうがいい」とハウスの中で静かになる。**

## 11 ハウス飼いに変えるだけで「警戒吠え」が消える

犬は活動的な動物なのだから、ハウスのような狭い空間に押し込めたらかわいそう。そう思いがちですが、もともと犬は横穴で生活する動物。エサを求めて狩りに出るとき以外は、ほとんど狭い横穴ですごしています。横穴にいれば敵に襲われることもない。外敵が入り込む隙がない狭い空間だから、安心していられるわけです。

ペットとして人間と一緒に暮らしていても、この根源的な犬の習性は変わりません。本来、ハウスのような狭い空間のほうが居心地もいいし、不安のないプライベートスペースになるのです。つまり、意外に思われるかもしれませんが、ハウス飼いは、「警戒吠え」をする必要のないおだやかな犬になることにつながるのです。

そのためには、ハウスは快適だということを犬に教えてあげること。食事はハウスのなかでさせるようにしてみましょう。ハウスに入るのをいやがる愛犬が喜んでハウスに入り、食事をする方法をお教えします。

まず、エサを入れた食器をハウスのなかに入れ、犬がなかに入る前にドアを閉めます。すると、どうなるでしょうか？　犬はエサを食べたくて、なんとかなかに入ろうとします。ドアをガリガリやるかもしれません。「入りたい、入りたい」という気持ちをつのらせるのがコツです。しばらく焦《じ》らして、ドアを開けたら、犬は喜んでハウスに入っていきます。そこでドアを閉めます。

最初は食べたらすぐ出ようとするかもしれませんが、この食事法をつづけているうちに、ハウスはいやだという感覚がなくなり、居心地がいいことがわかってきます。

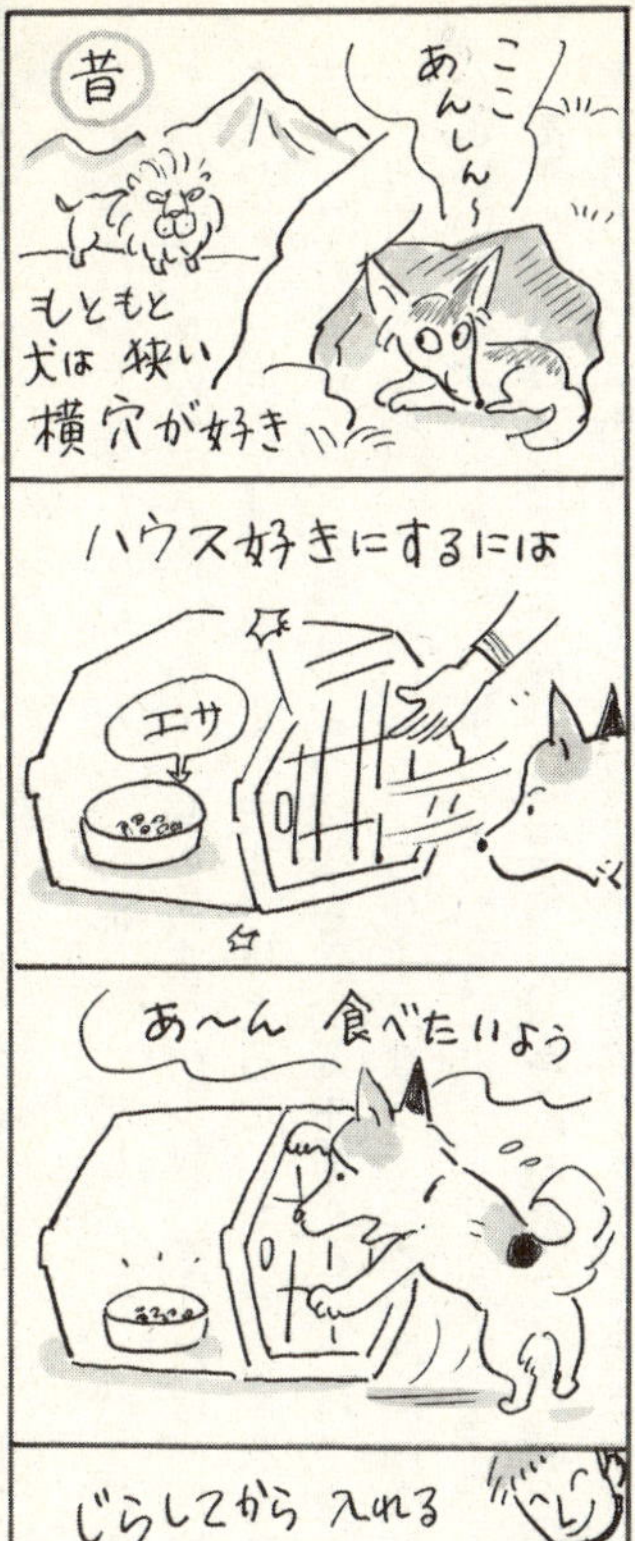

昔
ここあんしん〜
もともと犬は狭い横穴が好き
ハウス好きにするには
エサ
あ〜ん 食べたいよう
じらしてから入れる


**5分テク**

**エサをハウスのなかに入れ、ドアを閉める。「入りたい」という気持ちを焦らしてから入れると、喜んでハウスに入るようになる。**

## 12 引っ越したとたん騒ぐ犬には〝エサ作戦〟

「前の家にいたときはいいコだったのに、引っ越しをしたら吠えるようになった」

飼い主さんのそんな悩みもよく聞きます。引っ越しをすれば、部屋の様子や雰囲気も変わるし、周囲の環境も変化します。見えるものも、聞こえる音も、それまでとは違う。これでは、いままでのように落ち着いて生活することはできません。

それまで放し飼いにしていたというケースなら、これを機にハウス飼いにもっていくといいでしょう。ハウスに慣らしていくには、エサを使います。

ただし、ハウスにエサを放り込んで、犬がそれを食べに入ったら、ドアを閉める、という方法では失敗します。ハウスのエサを食べ終わった犬は、すぐにも出てこようとします。そのタイミングで飼い主がドアを閉めたら、犬は「騙《だま》したな！」と考え、飼い主さんに対して猜疑《さいぎ》心を持ってしまいます。

そこで、ハウスに放り込んだエサを食べた犬が出てこようとしたら、入り口のところにもう一度エサを置きます。犬はエサを食べます。しかし、食べたら出ようとする。そこで、またエサを置きます。これを繰り返すうちに、犬は考えるようになります。

「この（ハウスの）なかにいると、エサが自動的に運ばれてくるぞ♪」

最初は数粒のエサを入り口で食べさせることから始めたらいいと思います。少しずつその時間を延ばしていけば、必ず、ハウスで生活する習慣がつきます。

放し飼いから
エサ
ハウス生活に
変えるには……
食べおえて
出ようとしたら
エサ
あれ！
また出ようとしたら エサ
ここにいると
自動的にエサが
出てくるゾ


**5分テク**

**「ハウスから出ようとしたらエサ」を繰り返し、なかにいると〝いいこと〟が起こると学習すると、ハウスのなかで落ち着いて生活する習慣がつく。**

## 13 5分で完成！外飼いワンコのための「安心ハウス」のつくり方

外飼いでは、扉のないハウスや犬小屋で飼っているケースがほとんどだと思います。それも犬にとって不安のタネになります。「ドアがない」ということは、よそものが侵入してくる可能性がある、ということだからです。たえず、侵入者を気にしていたら、ゆったりしていられません。ハウスが安心していられる場所ではなくなります。

そこで、誰かが家に近づくたびに吠えたてることになります。「番犬」にはなりますが、同時にムダ吠えが多く、ストレスの強い犬になりがちです。

解決策は……？　そう、ハウスをドア付きにするだけです。そして、犬がハウスに入ったらドアを閉める。四方が囲まれたハウスなら、完全なプライベートスペースになります。侵入者に怯える必要がなくなった犬は、「守られていて安心！」と思い、もう吠えたてることなく、のんびり、ゆったりすごせるのです。ドアを取りつけるだけの作業だけですから、ほんの5分もあれば完成！

庭に杭を打ち込み鎖をつけ、それに犬をつなぎ出入り自由にしている家をよく見かけますが、犬にとっては一番ストレスのかかる飼い方。つながれているので逃げられず、ハウスに入っても引きずり出されてしまうからです。「繋留《けいりゅう》義務」とはつないで飼わなくてはいけないのではなく、放し飼いにしてはいけないということなのです。

ハウスのまわりをフェンスのようなもので囲い、そのなかにつながずに入れておくと、囲まれていて、安全・安心のプライベートエリアとなり、居心地のいい環境を提供することができます。ストレスを軽減することにもつながるのです。

ドアなしハウス
よそ者が入ってきたら どうしよう…
ドアをつけるか
あんしーん
フェンスで囲む


**5分テク**

**ハウスをドア付きにするか、ハウスのまわりをフェンスで囲めば、犬は侵入者のストレスなく安心してすごすことができる。**

## 14 「ドライブ嫌い」を克服する車トレーニング

愛犬はドライブが嫌いで、車にのせたとたん、大声で吠えたてて、制してもいうことを聞かない……。この原因は、じつは室内の場合と同じです。車のなかで〝放し飼い〟にしているからなのです。

車を走らせると、景色が目まぐるしく変わります。四方八方から犬の目にはさまざまなものが飛び込んできます。「落ち着かないよぉ～」と、犬はパニクり気味。落ち着きがなくなり、ワンワンと吠えたてるということになるわけです。

犬を車にのせるときは、ハウスに入れましょう。野生のころ狭い巣穴に暮らしていた犬にとって、ハウスのなかが安心で落ち着く場所です。また、走行中に急ブレーキをかけたり事故にあったとき、人はシートベルトで守られますが、犬は大怪我をしてしまうかもしれません。愛犬の車内安全確保のためにも「ハウス」がいちばんです。

ドライブ嫌いの犬にも、方法はあります。まず、ハウスを車の後部座席に。家族も乗り込みますが、ここでエンジンはかけません。ドアを開放して風の流れをよくして、いつもの家族の団らんの時間をしばらくつづけます。

ここでワンワンいわないのであれば、エンジンをかけます。窓は開放したまま、ゆっくり近所を走ります。声はかけず、家族で楽しい話でもしていればいいでしょう。そう、ここは、いつものリビング。犬がそう感じれば、長距離のドライブも、少しずつ大丈夫になっていきます。

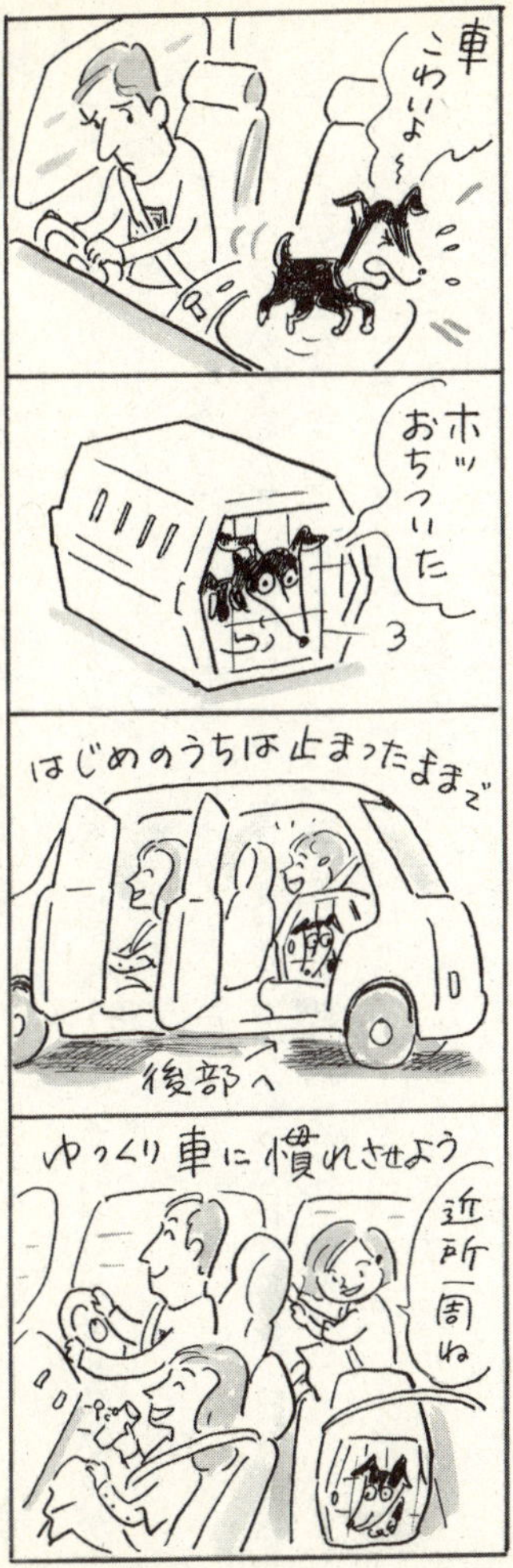


**5分テク**

**ハウスに入れて車にのせ、はじめはエンジンをかけず、ドアを開放。だんだん車に慣らしていくと長距離も平気になる。**

## 15 吠えるのがピタリとやむ音楽

犬が飼い主さんのいうことをきかないのは、リーダーである飼い主と犬との関係が逆転し、犬自身がリーダーだと思っている証拠です。

「だって、ボク（ワタシ）、この人のことリーダーだと思ってないもん！」

そんなふうに犬が思っているとしたら、実は犬にとってもストレスの多い日々を送っていることになります。「吠える」という行為は、そのあらわれです。

そんな愛犬がピタリと吠えるのをやめたといって、よろこぶ飼い主さんがいました。

「なぜなのかはわからないけど、ある日突然、吠えなくなって……」

その理由を探してみると、音楽に行き着いたそうです。

「そういえば、ヴィヴァルディの『四季』を聞いていたな～」

この日から家のなかにはつねに「四季」が流れていたというのです。

「あぁ、この音楽、なんだか、気持ちがいいな～。いつもかけておいてね」

犬の気持ちを癒すことに「音楽」がよかったことの根拠は探れませんが、もしかしたら、「四季」を聴きながら飼い主さんの気持ちがリラックスしていたのかもしれません。犬は嗅覚にすぐれた動物ですから、飼い主さんから発せられる臭いの違いを感じとったということも考えられます。

飼い主さんがリラックスすれば、愛犬もリラックスできる。その橋渡し役が、たまたま「四季」だったのでしょう。いかがですか? 飼い主さんがリラックスできる音楽は、愛犬にも伝わります。探してみてはいかがでしょうか。

**5分テク**

**飼い主がリラックスすれば愛犬もリラックスしてムダ吠え改善。クラシックやヒーリング音楽を活用するのも効果的。**

Part 2

根本からなおす！

# 「かみぐせ」「うなりぐせ」「飛びつきぐせ」解消編

かむ・うなる・飛びつく根本原因は、たったひとつ。飼い主さんと愛犬との主従逆転が原因です。犬社会のルールに基づいた方法で犬の意識をひっくり返せば、驚くほど賢く変身します。

## 16 あっという間にかみぐせが消える〝ひと口エサ作戦〟

かみぐせが消える魔法のような方法があります。といっても、「叩く」「叱る」はゼロ。エサをひと口ずつ食べさせるだけ。それが「ひと口給餌法《きゅうじほう》」です。

この方法をおこなうことによって、犬は「エサを飼い主さんからもらっている。エサをくれる飼い主さんがボス（リーダー）なんだ」と考えるようになります。

犬にリードをつけ、テーブルの脚などにつなぎます。食器にひと口分のエサを入れ、犬の前に差し出します。勝手に食べようとしたら、食器を引いてください。リードでつながれている犬は、エサを食べることができません。この「差し出す」と「引く」を何回かくり返すと、犬は考えます。「どうしたら食べられるんだろう？」。

食べに行くと食べられないことがわかった犬は、食器を差し出しても、食べに来なくなります。待てるようになったら、そこではじめて「マテ」の言葉をかぶせます。それまではすべて無言でおこなってください。

次は「マテ」といってから食器にひと口分のエサを入れます。待ったまま2～3秒したら今度は「ヨシ」の言葉をかけ、食器を近づけてエサを食べさせます。この方法でひと口ずつエサを与えられた犬は、上位にいる飼い主さんから下位の自分がエサをもらっているのだと実感し、もうかむことはなくなります。

犬の社会は上下関係がはっきりしたタテ社会。家族のなかで子どもにだけかむ場合はひと口給餌法を子どもが担当します。犬は子どもを下位にいると見ているわけですから、子ども自身がこの方法をおこなって、順位を逆転しましょう。

**5分テク**

**エサをひと口ずつ与える作戦で、エサをくれる飼い主さんがリーダーだと認識し、かまなくなる。**

## 17 犬社会のルールを利用した、かみぐせ解消法とは

エサの与え方で逆転している主従関係を入れ替え、かむなどの支配的行動をやめさせる「ひと口給餌法」は、2人の協力体制でおこなうと、さらに効率が高まります。

ひとりは食器にエサを入れる役割、もうひとりはリードで犬をコントロールする役割を受け持ちます。食器にひと口分のエサを入れて、犬が食べようとしたら、リードの担当者がキュッとリードを引くのです。エサのところに行こうとした犬は、首が「カクン」となって不快な思いをします。「動かないで、待っていよう」と犬が考えるまでの時間が早くなります。

なぜエサを使うことが主従逆転につながるのでしょうか。犬の社会では群れのメンバーが協力して獲物を捕らえます。エサになった獲物を最初に食べるのは群れのボスです。ボスが食事をしているあいだ、他のメンバーは決して獲物を貪《むさぼ》ろうとはしません。ボスの「許可」が出るまで待っているのです。ボスの許可があってはじめて、ボスにつづく順位の犬からエサにありつけるというわけです。

この犬社会のルールは絶対です。もちろん、その感覚はペットとして飼われている

犬のなかにも残っています。だから、エサをくれる人、「（食べて）ヨシ」の許可を出す人を、犬はボスと認めるのです。

食事の支度をしているとき、犬がうるさくすると、つい先にエサを与えていませんか。「ボスから先に食べる」というルールからすると、それでは犬が「オレがボスだ」と考えてしまいます。まず、飼い主が食事をすませ、犬にエサを与える、が原則です。

**5分テク**

**犬社会では食べる許可を出すのがボス。「先に食べると不快な思いをする」経験で主従逆転する。**

## 18 1日5分の〝ホールドスティル＆マズルコントロール〟が従属心をつくる

犬の服従本能を目覚めさせて、従属心を高めるうえで絶大な効果を発揮するのが「ホールドスティル＆マズルコントロール」です。基本的なやり方を説明しましょう。

飼い主さんは立った状態で横に犬をすわらせます。そこから犬の後に回り込み、両足のあいだに犬を挟《はさ》み込むようにします。腰を落として膝をつき、股のあいだに犬を挟んで、胸のなかに入れるように、背中から抱きかかえます（ホールドスティル）。

犬の背中と胸をピッタリつけるのがポイント。隙間《すきま》があると犬が動きやすく、抵抗につながります。また、抵抗してもガチッと抱きしめてロックし、絶対に放してはいけません。放すと犬は「暴れたら放してくれる」と思ってしまいます。大型犬の場合は椅子《いす》を使うといいでしょう。飼い主さんは椅子に腰掛け、後から抱きかかえます。

マズルコントロールは、ホールドスティルの態勢から、一方の手で犬のマズル（口）を下から持ちます。もう一方の手は犬の胸元に当てておきます。そして、マズルのコントロールです。右へ向けたり左へ向けたり。上下にも動かしましょう。最後はグルリと回すようにして終了です。1日5分、毎日つづけるようにしてください。

上位のものが下位のものにさわっても、その逆はありえないのが犬の社会の掟です。つまり、さわられるということは、自分が下位にいるのを知ること。しかも、後からかかえられるという、抵抗できない態勢をとられるわけですから、自分が下位にいるとの意識は高まります。そのうえ、もっともさわられるのをきらうマズルを自在にコントロールされたら、完全に従属的な位置にいることを理解するようになります。

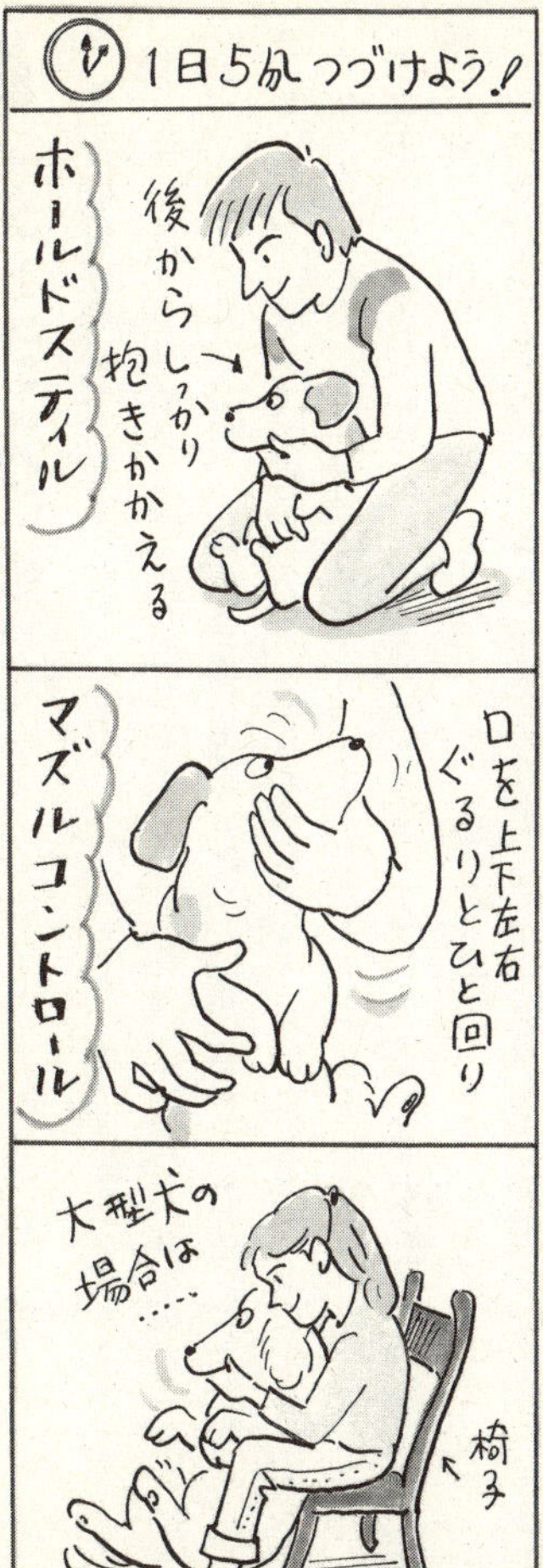

1日5分つづけよう!
ホールドスティル
後からしっかり抱きかかえる
マズルコントロール
口を上下左右ぐるりとひと回り
大型犬の場合は……
椅子


**5分テク**

**1日5分の「ホールドスティル&マズルコントロール」の習慣が正しい関係を築く。**

## 19 誰がさわっても平気になる「タッチング」術

主従関係が修復されたとたん、かむ・うなるなどの問題行動がなくなった、という飼い主さんの報告がたくさん寄せられています。ここで注意したいのは、家族で犬を飼っているケースでは、〝家族全員〟が犬といい関係を築くということです。

たとえば、大人たちが前項の「ホールドスティル＆マズルコントロール」をおこなって上位であることを理解させても、子どもたちがそれをしなければ、犬は子どもたちを下位に見るということがあるからです。すると、大人は大丈夫なのに、子どもたちが犬にさわると甘がみをする、といったことが起こってきます。

そこで、親子でおこなうことが大切です。最初は親がヘルプするかたちで取り組み、最終的には子どもがひとりでできるところまでもっていきます。そうなったら、犬は家族のなかで自分がいちばん下位だ、と理解し、家族全員に従属的になるわけです。

「ホールド〜」ができたら「タッチング」にもトライしましょう。犬を横向きに寝かせて、耳や足、しっぽなどの〝先端部分〟をさわります。さわるのをいやがる先端部分をタッチングすることで、従属心がどんどん高まります。

足は肉球の部分も触ること。尻尾は付け根から先端までくまなくさわってください。犬がじっとしていないようなら、上から「ドン」と押さえつけてロック、動いてはいけないことを教えましょう。仰向けにしておなかやそけい部(両脚の太ももの付け根)、口の周辺や耳もさわるようにします。「タッチング」をつづけると、犬は「どこをさわられてもイヤじゃない」と思うようになり、従属心は万全なものになるのです。

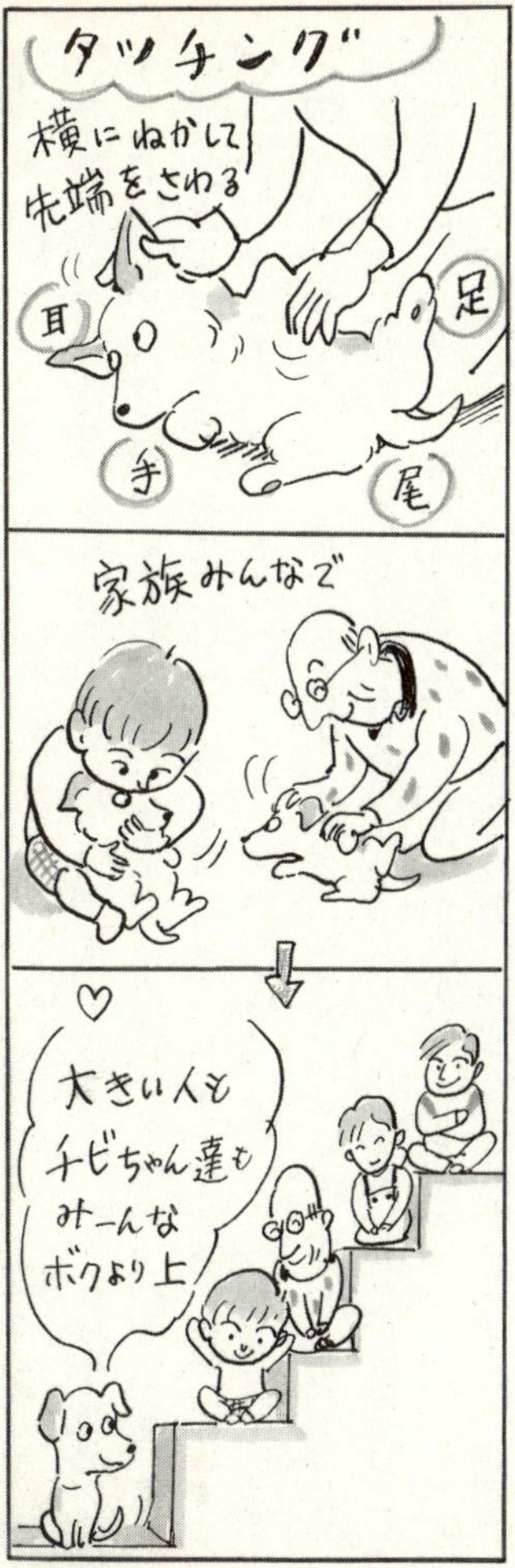

タッチング
横にねかして
先端をさわる
耳
足
手
尾
家族みんなで
大きい人も
チビちゃん達も
みーんな
ボクより上


**5分テク**

**犬が本来さわられるのをいやがる部分の「タッチング」習慣で、家族全員と〝いい関係〟になれる。**

## 20 ひとりでは手に負えない犬にはこの手

「ホールドスティル＆マズルコントロール」は子犬のうちから、できれば生後2カ月すぎ頃からおこなうのがいいと思います。まだカラダが小さくて扱いやすいし、権勢《けんせい》本能も未発達で素直だからです。かわいがるばかりで、わがまま放題に育ててしまっていると、成長すればするほど抵抗も大きくなります。

カラダが大きくなって、ひとりでは手におえないときは2人でチャレンジ。ひとりが犬の前からご褒美《ほうび》（エサ）を少し与えます。犬が食べているあいだに、もうひとりが後ろに回り、そっと股に挟み込んでホールドの態勢をとります。〝されたくないイヤなこと〟である「ホールドー」をご褒美によって、〝いいこと〟にすり替えるわけです。

犬の抵抗を抑えるコツは、片手で下顎をガッチリ持って、犬の背中と自分の胸を密着させること。このロックができたら、犬は抵抗できなくなります。うまくロックできない場合は、抵抗しそうになったらご褒美をあげる、ということを繰り返してください。ご褒美を食べることに夢中になっているあいだは、「ホールドー」の態勢をとっても抵抗はしません。繰り返しているうちに、犬はその態勢でいることに慣れていきます。抵抗するまでの時間が延びていくのです。

「ご褒美はいつくれるのかなあ?」と、犬がご褒美に対する期待感が高まっているうちは抵抗しないで、「ホールド〜」の態勢を受け入れるようになります。その間、マズルコントロールも少しずつおこなうようにしてください。犬は順応性にすぐれていますから、ほどなくご褒美なしでも自在に扱えるようになるはずです。

体が大きくなったら
二人でチャレンジ
ごほうびのエサ
その間にがっちりロック
こんどはいつ出てくるかなァ


**5分テク**

**ひとりが犬にエサを与え、食べているあいだに、もうひとりが後ろからホールドするごほうび作戦で、大きな犬でも大丈夫!**

## 21 甘がみをしなくなる〝遊びのルール〟

甘がみをやめさせる基本は「ホールドスティル&マズルコントロール」ですが、意外な方法が効果を上げることもあります。それは、遊んでいるうちに甘がみを始めたら、何もいわずにただちにその場を離れる。たったこれだけ。

犬が甘がみを始めるのは、遊びに誘っているということです。飼い主さんがそれに乗ってしまうと、順位を決める絡み合いになっていきます。犬は遊びを通して順位を決めていますから、自分が優位だということを示そうとするのです。

ただちにその場を離れるということは、犬が仕掛けてきた挑発に乗らない、ということです。何もいわず、そっぽを向いて、どこかに行ってしまえば、

「なんだ、遊ばないの？　無視されちゃうんじゃ、つまんない。もう、誘うのやめようかな……」

犬はそう考え、甘がみそのものをしなくなる、というわけです。

ところが、飼い主さんの多くは犬がじゃれてくると、「おぉ、よしよし。じゃあ、ちょっと遊ぶか」と誘いに乗ってしまう。そうすると、犬はちょっかいを出せばこた

えてくれる、と考えるようになります。

遊びは順位決めですから、遊びのなかで犬は自分の優位性を露わにしていくのです。飼い主さんが主導的に遊ぶのなら問題はありませんが、犬のちょっかいに乗るかたちは避けてください。ちょっかいには「無視」「無反応」に徹する。ここが犬を勘違いさせない重要なポイントです。

**5分テク**

**犬の遊びは「順位決め」。甘がみを始めたら「無視」「無反応」が効果的。**

## 22 「テリトリー」の外にいるときがしつけのチャンス

犬にとって自分のテリトリーは大きな意味を持っています。そこはなんとしても守らなければいけない場所であり、また、いちばん安心していられる場所でもあります。

ところが、思う存分自由に自分を出して行動できるテリトリー内でしつけようとすると、犬の「我」が出やすくなってしまうのです。

「オレのテリトリーで、なにを勝手なことやろうとするんだ。そんなことはさせるもんか！」

タッチングなどにも、強気になって猛烈に抵抗することになるわけです。逆にいえば、テリトリー外の場所では強気は影をひそめ、弱気の虫があらわれてきます。犬を連れて実家や友人の家に行ったときなど、

「あれ、いつもこんなじゃないのに、このコ、きょうはずいぶんおとなしいね」

と感じた経験がある人は少なくないはず。テリトリーの内と外では犬の気持ちはまったく違ったものになっているのです。これをしつけに利用します。

家ではなかなか思うようにいかなければ、テリトリー外でしつけるのです。実家が

近くならそこに行くようにしてもいいし、公園に連れて行くというのもおすすめです。ただし、ふだんの散歩でよく行っている公園は効果が期待できません。見慣れたところ、歩き慣れたところには縄張り感覚を持っているからです。

「初めて（行く場所）」「不慣れ（な場所）」をキーワードにして、ふさわしい場所を探しましょう。

**5分テク**

**犬のテリトリー内でしつけようとすると激しい抵抗にあうことも。初めて行く〝不慣れな場所〟でしつけるとうまくいく。**

## 23 なかなかカミカミした手を放さない犬に即効の方法

甘がみにどう対処しているかは、飼い主さんによってそれぞれ違うのではないでしょうか。クチュクチュしているのが「かわいい」と、なすがままにさせている人もいるでしょうし、「だめよ!」「こら!」と一喝しているケースもあると思います。

しかし、前にもお話ししたように、甘がみはだんだんエスカレートしていきます。犬が成長していけば、甘がみとはいえ、飼い主さんに痛みを与えたり、傷つけたりする可能性が出てくるわけです。

今まで「かわいい」ですませてきた飼い主さんが急に、「だめ」といっても、そう簡単に従うわけもありません。やはり、一からしつけをし直すほかないのでしょうか。

実際にいま甘がみしていて、なかなか放さないときは、こんな速効法があります。甘がみをしている犬の耳に「フッ」と息を吹きかけるのです。

犬の耳は人間とは比べものにならないほど高性能ですから、一吹きで犬はびっくりして「ギョッ」となり、かんでいる指なり手なりを放します。そうしたら、60ページで説明したように、その場を立ち去ってしまえばいいのです。

この方法は天罰方式なので、息を吹きかけるときは知らんぷり、立ち去るときも無言、素知らぬ顔で行動することがポイント。犬に、「あっ（飼い主さんが）息をかけた」と悟られないよう注意してください。

ただし、犬にみずから「甘がみはしてはいけない」と考えさせるには、日々の「ホールドスティル＆マズルコントロール」「タッチング」が有効です。

甘がみをやめさせる速効法
ギョッ
犬の耳は敏感

**5分テク**

**甘がみをその場でやめさせるには、知らん顔で犬の耳にひと吹き。犬がびっくりして手を放したら、その場を離れること。**

# 24 素直な子犬が育つ〝抱っこ〟法

かむくせは子犬のころの甘がみから始まっています。じゃれて手をチュッチュッとされるとかわいくて、ついされるがままになってしまうのではないでしょうか。

たしかに、本気でかんでいるわけではない甘がみは、子犬の愛情表現だと感じるかもしれません。しかし、前にも述べたように、それは遊んでいるのではなく、群れのなかで順位を確認する行動です。たとえ子犬であっても、甘がみをすることで、「自分はこの人より上位にいる」ということを確かめているのです。

かむという行動は、犬の社会では、上位のものが下位のものに対してすること。甘がみをさせておけば、子犬は自分が上位、飼い主が下位、と考えるのです。そのまま成長すれば、今度は本気でかむようになるかもしれません。だからこそ、子犬のうちに従属心をきちんと育てることが大切なのです。

手にじゃれついてきたら、おなかを〝上〟に向けて抱っこしてください。そう、赤ちゃんを抱っこする要領です。おなかを上に向けた無防備な態勢で、おなかをたくさんさわってあげるのです。抱きグセの心配などはいりません。こうして抱っこすればするほど、従属心は強固なものになっていきます。

「この人にはすべてをまかせても大丈夫なんだ」と子犬は考えるようになるのです。

子犬は人間の赤ちゃんとは違う習性を持っています。同じ「ふれ合い」や「スキンシップ」をするなら、犬をボス化させる甘がみや飛びつきではなく、この抱っこ法でかわいがってください。

子犬の甘がみも
ボクこの人より上なのよ
赤ちゃん抱っこで従属心をそだてよう

**5分テク**

**かわいい甘がみで子犬は「自分が飼い主より上」と考える。子犬とのスキンシップは「赤ちゃん抱っこ」の体勢がベスト。**

## 25 食事中に近づくと「ガウ〜!!」がストップする方法

犬がエサを食べているとき、家族が食器に近づいただけで「ウ〜」とうなるようになったら危険サインです。犬にはそもそも、自分のものを守り、獲られまいとする監守本能がそなわっています。犬の祖先であるオオカミのDNAは、「今度いつ獲物にありつけるかわからない」ことを伝え、犬はそれを必死で守ろうとしているのです。

「食事しているんだから、あっちへ行っててよ。これ、ボクのだからね!」

犬はそう思っていて、主従関係が逆転している状況だと考えてください。

リーダーの座を取り戻すには、私が「3大しつけ法」と呼んでいるホールドスチール&マズルコントロール（54ページ）、タッチング（56ページ）、リーダーウォーク（88ページ）がおすすめです。もっと早くなんとかしたいなら、「ひと口給餌法」（50ページ）が有効です。エサは人の手からもらうもの。これをきっちり学習してもらいます。犬の〝ボス化〟に応じて、あの手この手をおこないます。

食事の前に「背線マッサージ」（72ページ）をするのも、〝あの手この手〟のひとつになります。ボス化した犬は絶えず緊張を強いられていますから、この方法で緊張を和らげる。そのあとに食事タイムという方法もあります。

成犬になっていると、「ウ～」のストップは難しいといわざるを得ませんが、「ウ～」をいわせないいちばん簡単な方法があります。食事を与えたら、食べている間は近づかないこと。そこに犬が緊張せざるを得ない環境をつくらないことが大切です。

**5分テク**

**監守本能をもつ犬の食事中には近づいて緊張を強いないこと。そのうえで3大しつけ、ひと口エサ作戦などで「ボス化」をストップ！**

26

# おもちゃをくわえてうなる犬には"おやつ作戦"

「ボールを投げたら、昔はうれしそうにくわえて戻ってきていたのに、いつからか、くわえたボールを出させようとするとうなるようになって……どうしてですか？」

そんな質問は多く寄せられます。飼い主さんのリーダーとしての地位が、若干弱まっていることが考えられますから、まずは、一緒に遊んだあと、おもちゃ（ボール）を与えっぱなしにしないこと。

「遊びは終わりね。はい、ボール、返してね」という習慣を子犬の頃からつけておくのがいいでしょう。くわえているままボールを引っ張って離そうとすると、「ウ～」とうなるときは、ボールをもう1個、用意しておきます。

ボールが2つあることがわかると、犬はくわえていたボールへの執着心が薄れます。その様子が見てとれたら、もう1個のボールを投げます。犬はくわえていたボールを離して、飛んでいくボールを追いかけていきますね。「ウ～」という状況は敵対関係を生んでいますから、その時間はなるべく短くすることがポイントです。

ボールとエサを交換するというのも、とっておきの方法になります。「ウ～」とうなったら、エサを床にまいてください。犬はもちろん、おいしいおやつには目がありません。

「こっちのほうが、いいや〜!」と犬がエサをとりにいっている間にボールをさりげなく拾います。ポイントはエサは手から与えないこと、ボールを拾うときは、犬がエサに夢中になっていることを確認することです。

おもちゃを放させるには…
あれ もうひとつある
あるいは…
エサ
こっちのほうがいいや


**5分テク**

**もうひとつのおもちゃと交換したり、エサに夢中になっている間におもちゃを返してもらおう。**

# 27 ブラッシング嫌いに効く〝背線マッサージ〟

犬のお手入れで欠かせないのがブラッシング。ところが、ブラッシングをしようとすると、「ウウ～」とうなる、あばれて抵抗する。困りますよね。

この原因のひとつは、からだにさわられることに慣れていない、ということが考えられます。そもそも犬は、手足やしっぽをさわられるのが苦手です。手足やしっぽのブラッシングをいやがるのであれば、タッチング（56ページ）を十分にしたうえで、ブラッシングにトライしてみましょう。

もうひとつ、「背線《はいせん》マッサージ」という奥の手があります。犬の背中には自律神経が走っています。自律神経には相反する作用をする交感神経（主に昼間活動的にはたらく）と副交感神経（主に眠っているときにはたらく）がありますが、この両者の関係を上手く利用したのが、背線マッサージです。

やり方は簡単。しっぽのつけ根から首までのラインを、五本の指の爪を立ててマッサージします。これを何回もくり返し逆毛を立てるのです。犬はうっとりとした表情になります。気持ちが落ち着いてきます。

なにか恐怖を感じたり、なんらかの刺激により興奮したとき、交感神経が働き逆毛が立ちます。そこで、今度は立った毛を戻すために副交感神経が働き、気持ちを落ち着かせるのです。

この「手」を「ブラシ」に替えてブラッシング。あっという間に、ブラッシング大好きになりますよ。

ブラッシングいや！
まずタッチングで慣らして
背線マッサージを
首
尾
いい気持ち
交＆副交感神経を刺激する


**5分テク**

**タッチングでからだをさわられることに慣らし、「背線マッサージ」で自律神経を刺激して、気持ちを落ち着かせる。**

## 28 ソファやイスに飛び乗らなくなる“座布団作戦”

ソファや椅子への飛び乗りは、ボス化のはじまり。飼い主さんが座る場所に飛び乗るのは、犬が飼い主さんと対等の地位にあると考えているからです。飼い主と犬との関係は「飼い主＝主」「犬＝従」でこそ、犬は飼い主に素直に従い、安心して暮らせるのです。

この飛び乗りをやめさせるには、座布団を使うのが効果的です。ひもをつけた座布団をソファに乗せておくのです。犬が飛び乗ったら、ひもをさっと引く。座布団がずり落ちて、犬はバランスを崩し、床に「ドスン」ということになります。その不快感で犬は「ここには飛び乗らないほうがよさそうだ」と考えるのです。

椅子の場合だったら、椅子自体を傾けてしまうのがいいかもしれません。斜めになったら、やっぱり、犬は「ドスン」ですから、「不快→やめよう」と考えます。

どちらの方法でも、素知らぬ顔で黙ってやる、という原則。声を出すと、犬が「なんで？」と考える思考回路が働かなくなります。

椅子に乗った犬に、「こらこら、そこに乗ったらだめでしょ」と言葉をかけながら、椅子を傾けるといったことをすれば、だれがやっているのかが犬にはわかりますから、飼い主さんに対して不信感を抱きます。繰り返しますが、犬が〝天罰〟が下された、と考えることです。それまでずっとソファや椅子に飛び乗っても「よし」とされてきたわけですから、床に落ちても何度かは、また、飛び乗るかもしれませんが、天罰は確実に効いてきます。やめるまでそれほど時間はかからないでしょう。

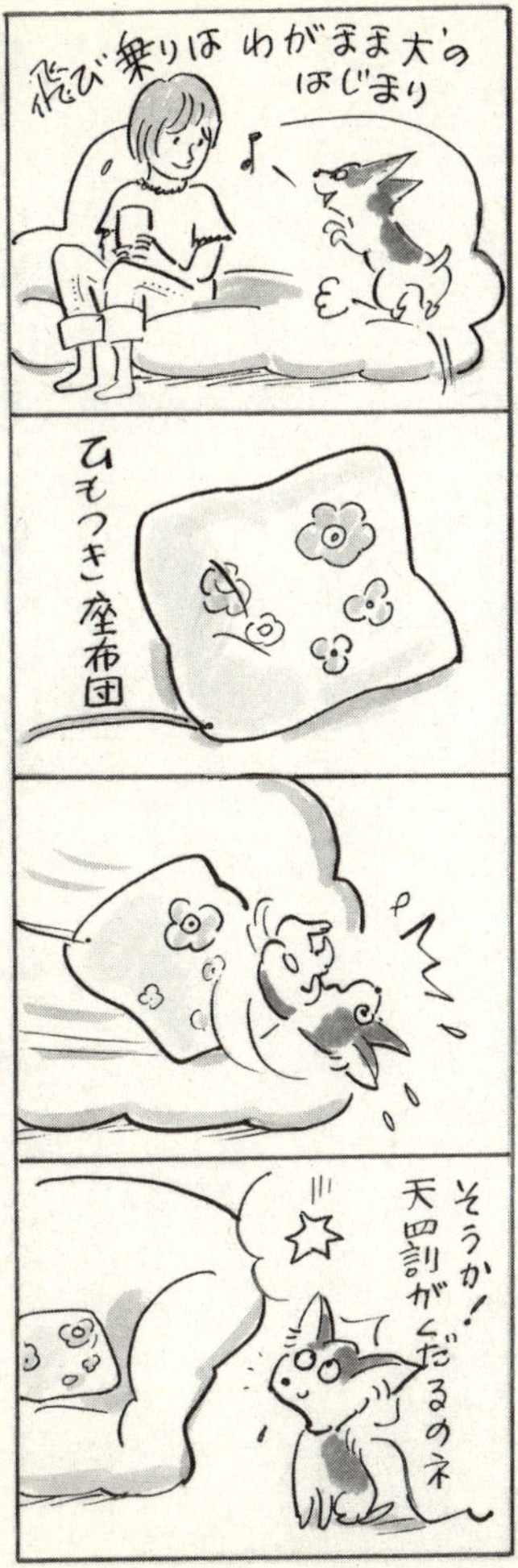
飛び乗りは わがまま犬の はじまり
ひもつき 座布団
そうか！ 天罰がくだるのネ

**5分テク**

**ひもつき座布団を使って、「ソファや椅子に飛び乗ったら落ちる」ことを学ばせる**

## 29 この「ポジション決め」でベッドに上ってはいけないことを学習する

飼い主さんが犬を罰するのではなく、犬が自分で「ソファや椅子の上にのらない」ことを学習すると、ほどなくソファの下、椅子の横が、自分のいるポジションだと納得します。

この機にベッドの上も上ってはいけないところだと教えましょう。たしかに、寝室までついてきて、ベッドの上に飛び乗る犬は一見、賢く見えます。犬と一緒に寝ることで、飼い主さんと犬の絆も一層深まるような気がします。しかし、人と犬を〝同等〟に考えてはいけません。犬の社会には〝ヨコ〟の関係がありません。「上」か「下」か。どちらかの関係しか築けないのです。

そのため、飼い主さんが「上」の地位にいなければ、犬との力関係が逆転し、そのうち「ベッドからどいてくれない」から始まって、「ベッドから降ろそうとすると、うなる、かむ」などの問題行動が次々と出てくる、ということになってしまいます。

もちろん、しっかりとした主従関係がすでにできていて、ふだんから飼い主さんの指示に素直に従う犬なら問題ありませんが、そうでなければソファや椅子同様、「のらない」習慣にしたほうがいいでしょう。

ベッドの上から遠ざけるには、寝室のドアを閉めるのがいちばんの早道ですが、ドアなどの区切りがないのであれば、ベッドの上に1枚、布をかけてください。犬がベッドの上に飛び乗ったら、犬の体重で布がずり落ちます。ピョンと飛び乗った犬は？ずるっとなり、いきなりの〝天罰〟にびっくりです。

乗らないことでは
ベットも同じ
ドアを閉めるか
つるつるの布
天罰で

**5分テク**

**ソファや椅子、そしてベッドの上にのるのを放置することは力関係逆転。天罰方式で自分で「のらない」ことを学習する。**

## 30 食卓にのらなくなる習慣術

食事時間、家族で夕食の食卓を囲んだとき、家族より先に椅子に座って待っている姿は一見「おりこう」そうに思えますが、困ったことだって起こります。椅子にのることを覚えていますから、飼い主さんがちょっと留守をしている間に椅子にのり、テーブルに脚をかけ、テーブルの上にあるものをパクリということだってあります。

犬は食べる量を調整するということをしません。そこにあるものはある分だけペロリ。それが、食後に食べようと用意していたロールケーキ1本分だとしたら大変です。

犬には犬の食事がいちばんいいのです。最近では人と同じ生活習慣病にかかる犬も増えています。太り過ぎで困りはてる飼い主さんもいます。その原因となっているのは、人と同じものを食べているから、自由にそれを許しているからです。

とはいえ、ずっと一緒に食卓を囲んできたから、いまさらダメといっても欲しがるでしょう。そんな場合はつけっぱなしリードを活用しましょう。食事が始まる前からテーブルの足にリードをくくりつけておき、椅子に上れないようにします。

何度かピョンピョンを試みると思いますが、無視します。もちろん、声もかけません。無視したまま、食事を始めてください。犬は両前肢を差し伸べて、箸を持った飼い主さんの膝元へ「ちょうだい！」をしたり、吠えることもあるかもしれません。ここで一度食べ物を与えてしまうと、要求すればもらえることを学習してしまいます。

しつこく要求してきたら、リードをゆるめて真上にチョンと引いてください。これで、犬はちゃんと考えます。自分の食事は自分の場所で食べればいいことを。

こうしていると‥‥
‥‥こうなる
リードをつけて
かまわないこと

**5分テク**

**犬と一緒に食卓を囲むと、食卓にのったり盗み食いの原因にも。食卓の脚にリードをつけて、犬の要求にこたえないこと。**

## 31 たった1回の〝後ろ足コテン〟で態度がガラリと変わる驚き

飼い主さんの姿を見ると、尻尾を振って飛びついてくる愛犬。この飛びつき行動、実は「歓迎している」わけではありません。飛びつきは上位のものが下位のものに対してやる、というのが犬社会のルール。「オレのほうが序列は上だぞ」ということを示す行動といっていいでしょう。

この犬の勘違いを正すには、飛びつきをさせないこと。飛びついてきたら、後ろ足を「ポン」と足ですくうのです。カラダを支えている後ろ足を払われたら、すばらしい運動神経を持っている犬だって、コテンとひっくり返ります。

飛びつくことに夢中な犬は、何をされたかわからないまま、「あれっ、こけちゃった」ということになるわけです。これが効きます。あるテレビ番組で、人気お笑いタレントのゴリさんの〝やんちゃ犬〟を一瞬にして変えたのもこの足払いでした。

いきなり飛びついてきたので、すかさず、足をすくってコテンとひっくり返したのです。キョトンとしていた犬は、それっきり飛びつかないようになり、さらにはわたしの横について、わたしに歩調を合わせて歩くようになったのです。

たった一回の「コテン」で、わたしばかりでなく、飼い主のゴリさんにも従属的になりました。この方法には驚くほど犬の態度を変えさせる効果があるのです。

ただし、大型犬の場合は、体重もありますし、飛びついてきたときに、さっと足をすくうのは難しいかもしれません。ここは家族や友人との協力してもらうほうがいいでしょう。それでも難しいと思われる方は、次に紹介する方法をやってみてください。

**5分テク**

**飛びつきは「歓迎」ではなく「自分が上」のアピール。たった1度の「後足払い」で態度は一変する。**

## 32 飛びつきがピタリと止まる〝クルッと回転法〟

飛びつきには別の対処法もあります。飛びついてこようとしたら、クルッとカラダを回転させて、カラダをかわし背中を向けます。犬は飛びつく〝目標〟を失って、前足がストンと地面に落ちます。それでもまだ、正面に回り込んで飛びつこうとしたら、また、同じようにクルッと回転しましょう。

いくら飛びつこうとしても、いつも目標がなくなって飛びつけない。そのことがわかれば、

「こんなことをしてもしかたがない→しちゃいけないことなんだ、きっと」

と犬は考えるようになり、飛びつき行動はピタリととまるでしょう。

なお、飛びつき行動が必ずしも「いけない」というわけではありません。飼い主さんが許可を与えて、「ヨシ、オイデ」といったときだけ、それに従ってピョンと飛びついてくる、ということなら飼い主と犬の関係に問題はありません。

問題は〝勝手〟に飛びついてくるケース。飼い主さんが「じゃれてきてかわいい！」と感じているとき、犬はどんな気持ちでしょうか？　はしゃいでいるように見えて、

「オレのほうが優位にいるぞ」というアピールなのです。放置すると、飛びつきはやがて、「ウウウ～」という威嚇《いかく》になり、最後にはかみつきにもつながりかねないのです。

訪ねてきた来客にも飛びつくといった場合は、領域侵犯に対する威嚇と考えられます。「ここはオレの領域だぞ。勝手に入ってくるな。ここではオレに従ってもらうぞ」というアピールなのです。

**5分テク**

**そのまま放っておくと威嚇やかみつきにつながりやすい飛びつきには、クルッと背中を向けてかわす、を繰り返す。**

Part 3

もっと仲良くなる！

# 「散歩中のトラブル」解消編

犬にとって散歩とは群れの移動。犬が前を歩き、飼い主さんが犬に引っ張られて歩くのは、飼い主さんをリーダーと思っていない証拠。勝手に歩くくせ、電柱へのおしっこ、ケンカ……散歩中のトラブルを解決すると、ほかの問題行動も同時に解消していきます。

## 33 首輪をイヤがる犬には“輪っか遊び”が効果的

「首輪をつけるのをいやがって、散歩に行くのがひと苦労」という飼い主さん。ここは犬に「首輪をつけたら、いいことがある」と考えさせるのがいちばんです。

両手で輪っかをつくって、犬の鼻先に持っていきます。これだけでは犬は動きませんから、飼い主さんはご褒美（エサ）を口にくわえてください。ご褒美に釣られて犬は両手の輪っかをくぐって、エサを食べにきます。

何度かこの輪っか遊びをしているうちに、犬は「輪っかに首を通すこと」に抵抗がなくなります。そこで今度は、首輪を持った両手で輪っかをつくります。犬はすでに「輪っかに首を入れたら、ご褒美がもらえるぞ」と理解していますから、首輪を持っていても、首を入れてくるはずです。ご褒美を堪能している間にパッと装着してしまえば、いやがるひまもなく装着完了となります。この間、5分もあれば十分でしょう。

ただし、それまで首輪をいやがっていたわけですから、まだ首輪をつけることへの違和感はなくなっていません。慣らすことが必要です。首輪にリードをつけた状態で、しばらく自由にさせておきます。

首輪とリードがついている状態に慣れてきたら、今度は飼い主がリードを持たずに、室内を歩いてみましょう。犬が飼い主についてトコトコ歩くでしょうか？　ついて歩くようになったら、散歩の準備ＯＫ。犬にはもう首輪にもリードにも抵抗感がありませんから、これからはいつだって出かけたいときに、さっと散歩に出かけられます。

首輪きらい
輪っか遊び
エサ
輪っかをくぐるとごほうびがでるぞ
慣れたぞ〜

**5分テク**

**「輪っかに首を通すとごほうびをもらえる」という遊びから、喜んで首輪に首を入れるようになる。**

## 34 ぐいぐい引っ張るくせがなおる〝リーダーウォーク〟

散歩のとき、グイグイと前を歩く愛犬。犬が勝手に行き先を選択して飼い主さんを引っ張りまくるのは、「自分（犬）がボス！」と思っているからです。

「何もたもたしてんだよ～、早くついてこいよ！」

犬はそんなふうに考えています。群れのリーダーと思っているから、他の群れ（犬）と出会うと、威嚇する行為をとり、「ワワン」と吠えたてることになるのです。

そこで効果的なとっておきの方法が「リーダーウォーク」です。犬が思うままの方向へピューッと飛び出したら、クルッと反対方向へ歩く。また引っ張って歩こうとしたら、逆方向へクルッ。犬はここで考えます。

「ボク（ワタシ）ってリーダーじゃなかったの？　先頭を歩けないんだけど……」

群れの先頭を歩くのがリーダー。リーダーウォークは、犬が行こうとする方向に逆らって歩くことで、「先頭の飼い主さんがリーダーなんだ」と学習するのです。

意外に思われるかもしれませんが、このとき〝アイコンタクト〟をしないこと。犬社会では、相手に注目し声をかけるのは、下位のものが上位のものにする行動だからです。目を合わせず無言でおこなうことによって、愛犬のほうがつねに飼い主さんに注目し、飼い主さんについて歩くようになるのです。

リーダーウォークのポイントはもうひとつ。引っ張る犬に近づいて、リードをゆるめる。そこからクルッとターンして犬の首に不快な感覚を伝える、です。引っ張りあった状態では、かえって、その抵抗に対して抵抗してしまうので、注意してください。

おれがボス!
先頭いくぞ〜
リーダーウォークで直そう
クルッと方向転換
アレッ
先頭をいく
あなたが リーダー
なんだね‥


5分テク

**犬が行こうとする方向に逆らって歩く「リーダーウォーク」で、先頭をいく飼い主がリーダーだと学習。犬と目線を合わせないのがコツ。**

## 35 愛犬がついてくる散歩に変わる〝ワンステップストップ法〟

リードを引っ張って、好き勝手に歩く犬には、前項でお話した「リーダーウォーク」が効果絶大。しかし、思ったほどの成果が上がらないという人は〝動かない〟リーダーウォークの「ワンステップストップ法」にトライしてみてください。

〝動かない〟わけですから、まず飼い主さんは動きません。ここでリードが張っていると、犬は強く引っぱろうとします。リードを一瞬ゆるめてから、キュッと引きます。

ここで犬の思考回路はクルクルとまわり始めます。

「あれ、散歩じゃないの？　飼い主は知らん顔したままだし、声もかけてこない。ときどき、首にカクンって力が加わるのって、座れってこと？」

この答えに行き着いて、飼い主さんの脇で〝静止〟した状態でお座りができたら、ここでようやく、一歩前にでます。

「やっと、お散歩に行けるゾ！」と、犬が一歩前にでたらまた首にカクン。飼い主さんはまたもや知らんぷり。これを繰り返していきます。

「おとなしく、この人に従うしかないのかな……」。犬の気持ちがそう切り替わるまで〝一歩、また一歩〟を、リードコントロールだけで繰り返しましょう。

散歩中の犬が、飼い主さんの脇にピタリとつき、歩みをすすめるごとに、時折飼い主さんを見上げる姿。これがまさに、飼い主さんをリーダーと信頼し、つき従うことで「守ってね」といっていることにほかなりません。

リーダーウォークがきかない時は・・・・
??
ピタッ
ワンステップストップ法
一歩犬が前へでたら
カクッ
今のスワレってことかな
そこでやっと一歩
やっぱりそうか…
=3

**5分テク**

**飼い主が一歩前を出たら、犬も一歩前へ。この「リーダーらしい行動」を繰り返すと、犬のほうが飼い主についてくるようになる。**

## 36 飼い主さんとの信頼度がアップする〝リードコントロール〟のコツ

首輪とリードは、いうならば、飼い主と犬をつなぐ〝命綱〟のようなものです。人間社会のなかで犬が暮らしていく以上、この命綱には、お互いの〝信頼感〟が凝縮されています。だから、「リードコントロール」が大切になってくるのです。

「リーダーウォークもやってみたけれど、うまくいかない……」という方がリードを引く様子を見ていると、十中八九リードの引っ張りあいになっています。

ここには、リードは「引く」ものという誤解があるのかもしれません。引っ張られるから引き返して抵抗してくるのです。権勢本能がふくらんでいれば、「何やってんだよぉ」ということにもなるのでしょう。

リードはまず、張らずに「ゆるませる」こと。リードの長さをやや短めに持ち、その分だけゆるませるのです。つまり、最初はやや短めに持っていて、引っ張ったら犬に近づきゆるませます。はじめから長くリードを持っていると、犬が引っ張ったとき〝ゆるみ〟をつくることが難しくなり、引っ張ったままになるからです。

散歩に出かけるときは、まずリードはやや短めに持ってください。手に巻きつけるとコントロールしづらいので、リードは折りたたんで手のひらのなかに。犬が引いたらそれを離し、ゆるめるのです。そして引っ張った犬に近づいて、チョンと引きます。

もうひとつのポイントは、リードを「引く」のは〝うしろ〟へという認識があると思いますが、「真上に」を徹底してみてください。リードをゆるませた分、その余裕はありますよね。家でも外でも、リードは〝真上〟にチョン。試してみてください。

リーダーウォークは
引っぱりあいに
なりがち
リードは短かめ
ゆるみの
余裕を
前へ出たら
ゆるませて
近づいてから
真上にチョン!

**5分テク**

**犬と〝綱引き〟にならないコツは、リードはやや短めに持ち、犬が引っ張ったらゆるませて、近づいてから真上にチョンと引く、が正解。**

## 37 マーキングしたがる犬には クルッと方向転換を

散歩のために家を出たとたん、電柱にまっしぐら、という犬がいます。そう、マーキングです。これは自分の領域を示す行為で、犬の本能のひとつである「権勢本能」によるものです。この意識が強い犬ほど、高い位置にオシッコをジャ〜、あっちこっちにジャ〜。オシッコも出ないのに、脚を高く上げてマーキングをします。

散歩中の楽しみのひとつだから仕方ないと思っていたら大間違い。権勢本能は、リーダーである飼い主に対する「服従本能」をしぼませてしまう〝大元〟なのです。あちこちに突進してマーキングをしている犬は、こんなふうに考えています。

「ここがボク（ワタシ）の領域だってこと、ほかの犬に知らせなきゃいけないんだから、早くついてきてよ！　なぁに、引っ張ってんの？」

群れのリーダーよろしく、犬は飼い主を〝引き連れて〟マーキングに余念がないというわけです。服従本能は日々に薄れ、権勢本能はますますふくらむばかり……。どんどん飼い主さんのいうことをきいてくれない犬に育ってしまいます。

それればかりではありません。群れを率いるリーダーとして育つと、犬はいつも安心した状態を得られません。つねに神経を張りつめ、ピリピリ。毎日がストレスの高い生活をしなければならないのです。

マーキングで引っ張る犬には、やはりリーダーウォーク。引っ張ったら近づいてリードをゆるめ、クルッと方向転換です。引っ張られたまま、綱引き状態にならないこと。このリードコントロールをまずマスターしてください。

**5分テク**

**マーキングでどんどんボス化する。マーキングしようとしたら、すかさず方向転換、リーダーウォークでストップ。**

## 38 「もうひとつのマーキング」をやめさせる習慣術

「散歩＝排泄」「散歩のときにトイレは当たり前」という飼い主さんは多いでしょう。だからマーキングにも寛大になってしまうわけですが、実は大きな勘違い。散歩はそもそも、犬の健康のため、運動としておこなうのが正しいあり方です。家で排泄をすませて出かける。マーキングをさせないためには「おうち排泄」は大切な習慣です。

家での排泄習慣をしつけるのは、飼い主の役目。といっても、難しいことは何もありません。人間と同じと考えればいいのです。朝起きたらトイレへ行く、ごはんを食べたらウンチがしたい。犬だってこのリズムで生きています。

「家でウンチをしてから散歩に出かけるのに、散歩途中でまたウンチをします……」

という相談が以前ありました。散歩途中で2度目のウンチをするのは、これもマーキングです。この場合のウンチは腸内蓄便といって、やわらかいのが特徴です。地面の臭いをかぎたいだけかがせていると、いろんな〝お印〟が犬の鼻に届きます。

「だれかここでウンチをしたなっ。ボク（ワタシ）もしとこっと」

便も立派なマーキングです。とくに便をしたあとは、後ろ脚でシュッシュッと、地面をかく動作をする犬がいますが、これは「ここにマーキングしたゾ」という印。犬同士にはそこが、互いに権勢しあう場となるのです。

犬は地面の臭いをかぎながらその〝場〟を探していますから、やはりここでも、リードでコントロール。ゆるませたリードを真上にチョンと引く、です。頑固に地面の臭いをかぐようなら、リーダーウォークで対応してください。

敵
2度めのウンチはマーキングと同じ
おうち排泄を習慣に
食後
しつこくかがないの!

**5分テク**

**散歩途中で2度目のウンチをするのはマーキングが原因。「おうち排泄」を習慣にし、地面の臭いをかぐくせはリードで解決。**

## 39 クンクン地面のニオイをかぐくせに効く〝つま先シュッ〟作戦

「マーキングさせないのはかわいそう」と考える飼い主さんは多いと思います。ならば、こうしてみてはいかがでしょう。散歩ルートのA地点からB地点まではマーキングをさせない距離と決め、広いところに出たら少し自由にさせ、地面の臭いをかいでいい場所とするのです。

その場所に到達するまでは、マーキングしやすい場所を避けて歩けばいいのです。電柱にはいろんな犬の臭いがついていますから、ここを避けて歩いてみましょう。犬はいつも臭いをかぐ場所を横目で見たり振り返ることもあるかもしれませんが、飼い主はまっすぐ前を見て、リードでチョンとコントロールして歩きます。

「ああ、過ぎちゃった。でも、次の場所があるもんね～。あれ？　ここも素通り？」

こうしてひとつ、またひとつと、マーキングをする場所をつぶしていき、マーキングしなくても、落ち着いて散歩ができるようになります。

それでも電柱に突進していくようなら、臭いをかごうとした瞬間、鼻先と地面の間につま先をサッと滑り込ませます。犬は一瞬、びっくりして顔を上げますから、飼い主は知らん顔をしてその場から離れるように、リードをコントロール。何回かこの〝つま先シュッ〟作戦を繰り返していくうち、この「いや〜な感じ……」を避けるようになっていきます。

繰り返すうちに、臭いをかいで歩けないことを学習し、飼い主さんについて歩くことが楽しくなるはずです。

**5分テク**

**マーキングをする場所を避けて歩き、それでもダメなら、鼻先と地面の間につま先を滑り込ませてマーキングを阻止しよう。**

## 40 もう「拾い食い」をしなくなる3つのステップ

犬の拾い食いに悩む飼い主さんは少なくありません。道に落ちているお菓子や食パンをパクリ。食べ物だけでなく、タバコの吸殻《すいがら》やビニール袋の切れはしを飲みこみそうになることもあり、大変危険です。

拾い食いをするのは犬が食いしん坊だからではありません。拾い食いをさせているのは、ほかでもない飼い主さんだということを、まず認識してください。

5分もあれば拾い食いをやめさせられる、とっておきの方法をご紹介しましょう。

①まず、犬が大好きなおやつを投げます。

②「あっ、おやつだ」と、犬はそこへ飛んでいきます。リードをしっかり持ち、絶対におやつに到達できないよう飛び出させてください。

③投げたおやつは飼い主が拾い、そうして手から食べさせるのです。

落ちているものは勝手に食べてはいけない。食べるものは飼い主から手渡されるもの、ということをインプットさせるのが、この3段方式です。このプロセスを何回か繰り返すと、犬は理解します。

「そうか、落ちているものを食べなくても、食べ物は飼い主さんの〝手〟から渡されるんだね」

犬の学習能力はすごい。5分で変わることが実感できるはずです。

拾い食いはキケン！
やめさせるには…
おやつ
リードでロック
届かない～
拾わなくてもちゃんともらえるのね
おやつ

**5分テク**

**誤飲は危険。投げ落ちたおやつを拾おうとしても、リードでブロックされてとれないしかけで、食べ物は飼い主から手渡されることを学習する。**

## 41 散歩嫌いには〝外エサ〟方式で

散歩の途中で、地面に這《は》いつくばって動こうとしない。「ほら、行くよ。動いて!」なんてやっている飼い主さんの姿を見かけませんか。

飼い主さんの意に反して犬が動かないのは非服従行動です。犬は「逆らってやろう」と考えているわけですから、無理やりリードを引っ張るなど、力で対抗したら、対立関係が深まるだけです。

こんなケースでトライして欲しいのが〝外エサ〟方式です。文字どおり、家のなかではエサを与えず、散歩で外に出たときにエサを与える。散歩に出るさいに半食分のドッグフードを持っていきます。

動かない犬もドッグフードを与えればついてきます。散歩中、止まりそうになったら、ちょっとエサを与える。これを繰り返していけば、地面に這いつくばってしまってどうしようもない、という状況にはなりません。

半食分のドッグフードを全部食べ終わったら帰る、という感じで一回に与える量を加減するといいでしょう。そして、家に戻ったら残りの半食分を食べさせるのです。

すると、犬にとって散歩のイメージがガラリと変わります。

「ごはんを食べられるんだね．外に出てご主人と一緒に歩くのが楽しみ！」

しかも、家に戻ったら、また、ごはんがもらえる。散歩に関するトラブルでは、家に入るときに抵抗して動かない、という犬がいますが、この方式なら、家にも「いいことが待っている」わけですから大丈夫。早速、試してみてください。

**5分テク**

**散歩のとき外でエサを与える〝外エサ〟方式で、散歩に出かけるのが楽しくなる。**

## 42 「あなたについていきたい！」気持ちにさせる技術

犬が散歩に行きたがらない、主な原因は2つ。ひとつは生後4カ月くらいまでの子犬は室内から出さないケースが多いことです。ペットショップや動物病院などでは、ワクチン接種が終わるまでの4カ月間くらいは、なるべく外に出さないようにとの指導をおこなっています。しかし、1～3カ月は子犬が社会に馴れる大切な時期。環境に対する順応性が高いこの時期に外の環境に触れさせ人ともかかわらせないと、外の環境を受け入れられなくなり、散歩に出るのが怖くなってしまうのです。

もうひとつは、飼い主に対する非服従。「あんたになんか、ついていかないよ」という思いが、散歩に行かないという非服従行動として、あらわれているわけです。

社会環境に馴らすには、外に連れ出すしかありません。子犬ならキャリーに入れて、家の周辺や公園などに積極的に出かけましょう。最初は抱っこして外に出るということから始めてもいいでしょう。

非服従行動が前面に出ているケースでは、〝犬友〟に協力してもらうのが最良の手段。犬を通して親しくしているご近所の人や友人に一役買ってもらうのです。自分の犬のリードをその人に預け、飼い主さんはその人の犬のリードを持って歩きます。よその犬を従えて歩いているご主人の姿を見て、犬はこんなふうに考えます。

「あれっ、ほかの犬を引き連れている。リーダーだ！」

飼い主さんをリーダーと認めたら、非服従行動はすぐなくなります。その後は、いつ散歩に出ても、犬はリーダーにつき従って歩くようになります。

**5分テク**

**イヌ友の協力で、飼い主がほかのイヌを引き連れている姿を見せれば、「リーダー」と認めてつき従うようになる。**

## 43 お出かけ前の興奮は、リードでみるみるクールダウン

犬のそもそもの習性から考えると、散歩は〝狩り〟。領域を出て群れで移動し、獲物を獲る行為です。この習性は家族の一員として飼われ狩りをする必要がなくなっても継承されています。だから、飼い主がリードを持つなり、興奮状態になるのです。

「さぁ、さぁ、狩りに行こうよ。早くリード、つけてよ～！」

犬は領域から出ることに、しっぽをめいっぱい振りながら興奮しています。

「そんなにバタバタしていたら、リードがつけられないよ。少し落ち着いてよ」

ほとんどの人がそんなふうに言葉をかけているかもしれませんが逆効果。犬の興奮に声援を送り、煽《あお》っていることになります。散歩の前に飼い主さんの声援を受けて外に出たとたん、ピューッとリードを引っ張って飼い主の前を歩くことになります。

そこでこの手。飼い主さんがリードを持つと散歩のサイン。とたんに興奮状態になりますが、無視するのです。リードは持ったまま、です。

「散歩に行くんじゃないの？　なんで？　リード持っているのに……」

肩すかしをくった犬はしだいにクールダウンしていきます。声を出すと興奮します

ので、いっさい言葉をかけてはいけません。犬が静止していられるのを見計らって、初めて「スワレ」と声をかけ、リード（首輪）をつけるのです。また興奮するようなら、再びリードを持ったまま無視。このやりとりを繰り返すと、犬は考え始めます。

「そっか、おとなしく座っていれば、散歩に連れて行ってもらえるんだ」

こう学習し散歩前の興奮はあっという間におさまります。

**5分テク**

**「リードを持ったまま声をかけずに犬の興奮がおさまるのを待つ」の繰り返しで、犬はおとなしく座っていれば散歩に行けることを学ぶ。**

## 44 「リードをかんで首をふりふり」はこれでストップ

散歩に出かけると、うれしそうに、リードをかんで首をふりふりしながら歩く。そんな愛犬の姿を「かわいい!」と思うかもしれませんが、じつは、この行為は優位性・支配性の行動。「アンタにリードを引っ張られたくないんだ、離せよ!」という行為にほかならないからです。こういうと、多くの飼い主さんは驚きます。

うれしそうに遊んでいるみたいに見えるかもしれません。しかし、おもちゃとじゃれているのと同じレベルで考えるのは大間違い。おもちゃとリードは別のもの。支配(飼い主)と非支配(犬)を分かつリードを好きなようにさせてはいけないのです。放置すると犬の権勢症候群(犬がボス化する行動)への道をまっしぐらです。

犬がリードをかんで首をふりふりしたら、リードを真上に〝グイッ〟と引き上げてください。ポイントは〝一気〟に引き上げること。飼い主側に躊躇《ちゅうちょ》があると、なかなかうまくいかないかもしれませんが、犬は首に違和感を感じてリードを離しますから、その状態になるまでつづけてください。

このさいも、声がけはいっさいストップ。知らん顔をしておこなうのがコツです。

もうひとつ、リードを吐きだささせる方法があります。それは鼻先を、リードでグルッと巻くというのがそれ。マズルコントロール（54ページ）に通じる方法ですが、犬が興奮している状態なら、やはり、真上に〝グイッと一気〟からトライしましょう。

**5分テク**

**リードをかんで首を振りながら歩く行為は、実はボス化につながる。犬がリードを離すコツは真上に一気に引くこと。**

## 45 「胴輪」をやめるだけで、しつけはうまくいく

街中を散歩する犬を見ていると、胴輪をつけている犬が、とくに小型犬に多いことに気づきます。理由は「小型犬って首が細いでしょ、のどを締めつけちゃうんじゃないかって」「うちはパグだから首が短くて……」といいます。でも、これが大間違い。胴輪は「引っ張る犬」にしてしまう道具なのですよ、じつは。

その〝原理〟は「犬ぞり」を見ればあきらかです。犬ぞりは、犬の胴体にハーネスをつけ、ロープでコントロールして前進します。ロープを引っ張ることで抵抗が生まれ、犬はその抵抗で前進することを学習しています。引っ張られたら前進する。胴輪はまさに、この原理そのものなのです。

小型犬ですから、そこまでの力強さを感じることは少ないと思いますが、愛犬が〝引っ張る〟なら、この原理がはたらいていると考えていいのです。

「でも、首輪に替えるとたんに、ゲホッてするんです……」

そんな相談を受けたことがありますが、健康面に問題がなければ、首輪が苦しいわけではありません。母犬は子犬の首をくわえてしつけます。首をコントロールするこ

とは、犬の習性からいっても理にかなっているのです。

また、犬は賢い。ゲホッとすると、引っ張りやすい胴輪にしてもらえることを、犬はちゃんと知っています。「苦しかったんだね、大丈夫？」と飼い主さんに声をかけられ注目を浴びることも、しっかり学習しているのです。

胴輪を首輪に替える。それだけで、犬はしつけしやすく変わります。

胴輪にすると‥‥
あれ・こっちの方がラクだなァ…
しっかり首輪で散歩しよう


**5分テク**

**胴輪は犬ぞりの原理で引っ張る犬にしてしまう。しつけは〝首〟でコントロールするやり方が正しい。**

## 46 賢い犬に変わる「首輪&リード」選び

胴輪をつけた「犬ぞり散歩」がいけないというのには、もうひとつ理由があります。胴輪は装着をしっかりしていないと〝スポン〟と、犬の体から抜けてしまう危険が高いということです。ここでも、犬は賢い、ということを忘れてはいけません。

「前に引っ張りっこしてたら胴輪がハズレちゃった。今度はハズしてみようかな〜」と犬は思うかもしれません。もちろん、これは首輪でも同じ。首を締めつけるから「かわいそう」でゆるくつけていると、引っ張りあったときに抜けてしまいます。ハズレた経験のある犬は、その分飼い主さんを「チョロい」と考えてしまいます。

飼い主さんがリードを引くのは、リーダーとしてのサインです。首輪がゆるゆるでは、そのサインをきちんと伝えることができません。首輪は指が1本入るくらいが制止の〝グイッ〟が伝わる装着の〝ゆるみ〟の目安と考えてください。

そして、首輪選びにもポイントがあります。「タイムロス」と「予告音」のないものを選ぶこと。チョークタイプのものははずれにくいという利点はありますが、〝グイッ〟が伝わるまで時間がかかります。チェーンタイプのものは予告音がする。とくにこまかなチェーンのものは、加えて毛がすり切れてしまうという難点もあります。

多くの小型犬はバックルタイプ、ジョイント式のものを使用しているかと思いますが、この場合は、〝指1本〟が入る程度に調整してください。ただし、リードに金具がついていて、ジャラジャラと音を立てるものは予告音になりますから、セレクトからはずすのがいいと思います。

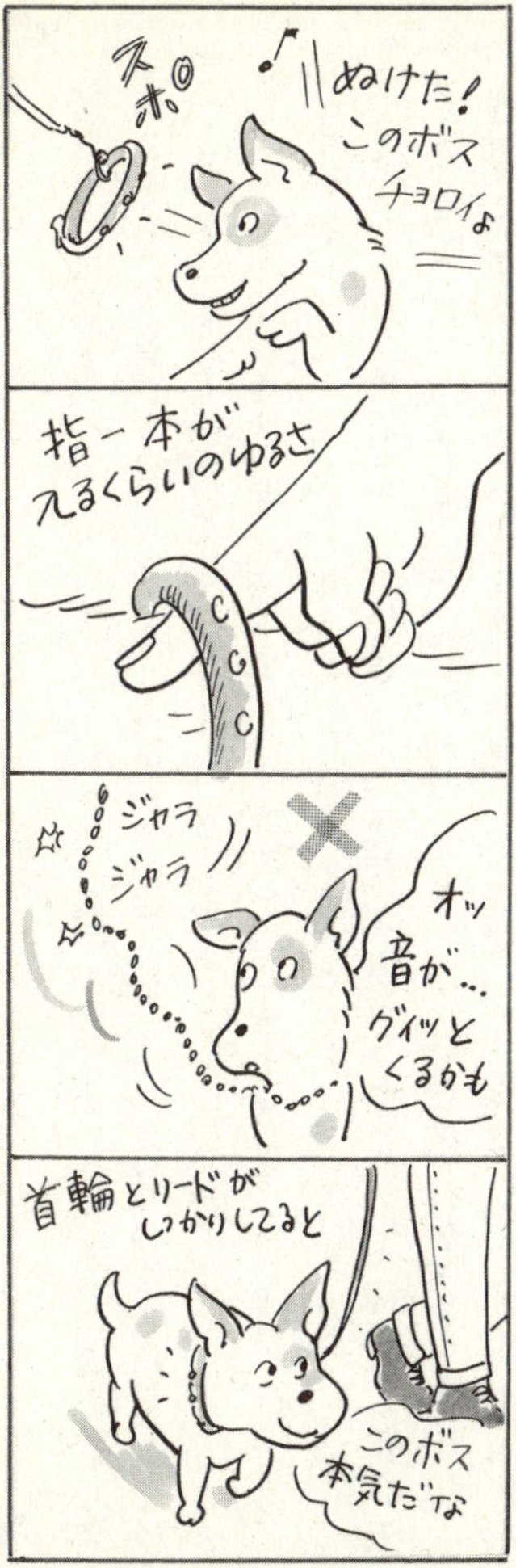
スポ
ぬけた！ このボス チョロイよ
指一本が 入るくらいのゆるさ
ジャラ ジャラ
オッ 音が… グイッと くるかも
首輪とリードが しっかりしてると
このボス 本気だな

**5分テク**

**首輪はゆるゆるだとナメられる。指1本入るくらいがベスト。**
**犬が「サインがくるぞ、くるぞ」とわかってしまうリードはNG。**

## 47 「追いかけ」は犬種を考えると予防できる

散歩中、自転車がヨコをすり抜けていくと、追いかけていこうとする場合があります。走るものを追いかけようとするのは、犬の習性です。「狩り」が犬のDNAにはしっかりと刻まれていますから。

もちろん、これを許してはおけません。急にピューッと走り出せば事故につながる危険性があります。とくに、動くものに攻撃的な性質を持っているのがジャック・ラッセル・テリア。馬にもついていける脚力を持っているといわれる犬種ですから、追いかけるようになったら要注意。しっかりリードを引いて対応しましょう。

運動能力にすぐれているボーダーコリーも、犬種別でいえば、シュッとリードを引きやすいタイプといえます。牧羊犬としてはたらき、非常に敏捷《びんしょう》。フリスビーを颯《さっ》爽《そう》と追いかけてキャッチする姿は、よく知られるところです。

アイリッシュ・セッターやポインターと呼ばれる犬種は、鳥を追うのが仕事です。散歩途中で鳥がバタバタと飛んでいる姿を見つけるや、ピューッと行ってしまう……。

飼い主さんのなかには、犬種の「性質」をよく知らずに飼い始めるという人は、少なくありません。その結果、手におえなくなってしまい、お互いがストレスを抱えたままの生活をせざるを得なくなる。子犬の頃（1～3か月＝社会化期）のしつけは大切です。いろんな人や動物に会わせ、どんな場所へも出かけていき、さまざまな音を聞かせる。もちろん社会化期を過ぎてしまっても大丈夫。毅然とした飼い主さんのリーダーウォークが、犬に考える力を呼び起こさせます。

走るのを追いかけるのは犬のDNA
これらの犬種は注意
ボーダーコリー
ジャックラッセルテリア
アイリッシュセッター
ポインター
子犬のころから外出を


5分テク

**走るものを追いかけるのは犬の本能。猟犬・牧羊犬は注意して。生後3か月くらい（社会化期）は外出して人や環境に慣れさせること。**

## 48 「呼んだら走り寄って来る」関係になる2大原則

リードをはずして自由に走り回れるので人気のドッグラン。そこでよく聞かれる悩みが、犬を呼んでも来ないこと。離れたところにいる犬に「オイデ」としきりに呼びかけているのに、犬のほうはまったく知らんぷりで来る気配もない。あるいは、名前を呼んで捕まえようとして、追いかけっこになってしまったりもします。

もちろん、耳がいい犬には飼い主さんの声が届いているのですが、それに従おうという気持ちがないわけです。「呼んだら戻ってくる関係」をつくるには原点に戻って「3大しつけ」、すなわち「ホールドスティル&マズルコントロール」「リーダーウォーク」「タッチング」に取り組んでください。

毎日5分の3大しつけをおこなうのと同時に、必ず守って欲しいのが〝呼ばない〟〝見ない〟の原則です。これまでの犬とのつきあいを振り返ってみてください。「〇〇(名前)ちゃん」「さぁ、ごはんよ」「お散歩行こうか?」……などなど、何かにつけて名前を呼んだり、話しかけたりしていませんか?

相手に注目し、声をかけるのは、犬の世界では下位のものが上位のものにする行動。

愛犬にとっては従属的な対応としか映りません。

犬にとって頼れるリーダーらしく、犬を見ない、犬に呼びかけない、ということを徹底して、3大しつけに取り組む。主従関係のリセットの決め手がそこにあります。

リセットされたら、「マテ」や「オイデ」を教えるのはたやすいことです。

ドッグラン
ベン
ベン
オウ オウ おれに気を使って
ベン
呼ばない見ないで3大しつけ
ホールドスティル
マズルコントロール
タッチング
リーダーウォーク

**5分テク**

**「呼んだら来る関係」にするには、1日5分の3大しつけ習慣と頼れるリーダーらしいふるまい（犬を呼ばない・見ない）が大事。**

## 49 「出会う犬や人にケンカ腰」に効果的な事前対策

散歩途中で、出会う犬にうなるというのは、あきらかなボス化現象ですから、やらせてはいけないことです。ボスが他の群れを威嚇している行為だからです。

とくに対象となりやすいのは、小さな子ども。いちばんの弱者だということを、犬は知っています。子どもは「かわいい!」と無防備に近づいてきますが、犬を制止する以前に、絶対に近づけてはいけません。

暮らす環境でも違うと思いますが、ご近所さんとは違う人が多く歩く地域では、犬の緊張は高まっています。愛犬が知っている人かと思って近づいていったらまったく別の人……。臆病だったり、権勢本能が高まった状態なら、ここで「ウ〜」です。

「散歩中、通らなければならないルートに大型犬がいて、いつも吠えまくっている」という場合、楽しい散歩が〝ボス〟であるがゆえにストレスになってしまっているというわけです。ここはやはり、リーダーウォーク(88ページ)しかありません。極力、吠えまくる犬のそばを通らないこと。ほんの少し、歩くルートを遠くへ寄せるだけでも、犬は安心します。

そして、ここで大切なのが、言葉をいっさいかけないということ。

「静かにしなさい、吠えちゃダメっていってるでしょ！」などと犬を叱りつける行動は逆効果。犬にとっては「もっとうなっていいんだよ」というサインになります。

黙って黙って、ただリーダーウォーク。ときどきワンステップストップ法（90ページ）を織り交ぜましょう。

ボス化した犬は
うなりやすい
叱るのは
やめて
ストレスの多いコースは
さけよう
ホッ


**5分テク**

**子どもや大型犬（ストレス源）のいる散歩コースは、避けるだけで犬は安心。うなっても叱らないこと。**

## 50 子どものお菓子を奪うくせが消える〝階段ウォーキング〟

子どもが持っているお菓子やおもちゃを犬が奪いとってしまうと、あるテレビ番組に相談を寄せたお宅にお邪魔したことがあります。

子どもはまだ1歳半の男の子です。犬は彼が生まれる前から、家族として暮らしてきたのでしょう。あとからやってきたのは小さな子どもです。

「オレのほうが先にここにいたんだぞ。最下位の位置にいるのはオマエなんだ！」

犬は勝手に順位づけをしているわけです。ここで私がとったのは、家族一緒の〝群れ移動〟です。先頭にはお母さんとバギーに乗った子どもに歩いてもらいます。お父さんと犬はその後ろ。群れを率いるのはリーダーですから、犬はその位置へ行きたがります。

「お～い、チビッコ。オマエがいるところはそこじゃないだろっ！」

そういわんばかりに前へ前へと、リードを引っ張る犬には、しっかりとお父さんにリードコントロールをしてもらいました。しばらく歩くと公園に着き、大きな段差があったので、お母さんと子どもには上の位置に、お父さんと犬には下の位置を歩いてもらいました。この立ち位置で犬は考えたのでしょう。

「ボクは、あのチビッコより下の位置にいるべきってこと?」

その後、子どもからおもちゃやお菓子をとることはなくなったそうです。

この、あっという間の逆転劇が成功したのは、犬の本能によるもの。リーダーにつき従い、それが安心する地位であれば、犬は、すぐに納得するのです。

**5分テク**

**階段の上を子ども、下を犬が歩くだけで、犬は〝位置づけ〟を理解し、上の位置にいる子どものモノを奪わなくなる。**

## 51 2頭が別々の方向へ行きたがるときの散歩法

2頭の犬にあらぬ方向に引っ張られて右往左往！　散歩ではよく見られる光景です。飼い主が2本のリードを束ねてはいるものの、犬は勝手気ままに「オレはこっち」「わたしはこっち」と収拾がつかなくなる。まさに〝飼い主さん、板挟み〟状態です。

犬同士の優先順位がはっきりしていても、飼い主との主従関係が逆転していると、しばしばこうしたことになります。しかも、飼い主にはこんな思いがあるのでしょう。

「ふだん狭い家のなかにいるのだから、外に出たときくらい自由にさせてやろう」

そこで、臭いをかぎにあっちこっちに行ったり、マーキングして立ち止まったりするのを放置することにもなるわけです。これではまるで、犬を散歩させているのではなく、飼い主が犬の散歩のお伴をしている、という構図です。

逆転している主従関係をたった5分で正しい関係に変えてしまうリーダーウォーク（88ページ）に、すぐにも取り組みましょう。ポイントは必ず1頭ずつおこなうこと。

1頭は家に残し（ハウスに入れましょう）、家の周辺でかまいませんから1頭を連れ出してリーダーウォークをする。ちゃんとついて歩くのを確認したら、今度は残した犬とリーダーウォークです。

1頭ずつと主従関係ができたら、2頭同時に散歩に出ても、もう勝手気ままに歩き回ることはありません。それぞれがリーダーと認めている飼い主さんに従うからです。

犬の頭数がいくら増えても同じ。すべての犬が「リーダーについて行こう」と考えていれば、混乱など起きようがないのです。

ぼく
こっち
一頭ずつの
リーダーウォーク
リーダーとの
散歩って
楽しいなァ♪


**5分テク**

**2頭の犬が別々の方向へ行くときは、1頭ずつリーダーウォーク。それぞれついて歩けるようになってから、2頭一緒に散歩に出ればいい。**

## 52 性格が違うワンコ同士「いっしょに散歩」できるワザ

犬の性格は犬種によって違いますし、個体差もあります。多頭飼いではその違いに悩まされることもありそうです。実際、こんなケースがありました。

パグを飼っていた家にチワワがやってきた。先輩のパグは散歩のとき首輪をつけられるのをいやがる傾向があったのですが、後輩チワワは首輪もリードもいやがりません。そこで、飼い主さんはパグを家に残し、手のかからないチワワを先に散歩に連れて行くようにしました。ところが、チワワの散歩を終え、なんとか首輪をつけてパグを散歩に連れ出すと、リードをかんで振り回すようになったのです。

優先順位からいえば、まず、先輩犬のパグの散歩を優先させるのがいい、ということになりますが、一緒に散歩する方法はあります。首輪の問題は「輪っか遊び」(86ページ参照)で解決します。しかし、リードをかんで振り回すのをなんとかする方法は？　そう、リードをかんでいる状態からリードを真上に「チョン」と引き上げます。

引き上げるさいリードがゆるんでいることを確認してください。手首のスナップをきかせるつもりで一気に引き上げるのがコツです。すると一瞬でリードが口から離れますので、犬は何が起きたかわからないまま、不快だけを感じることになります。数回のチョンで「リードをかむと、なんだか知らないけどいやな感じ。もうやめよう」となるはずです。これで問題解決。一緒に散歩に出かけてください。犬同士の〝順位づけ〟も大切（160ページ）。まず、先輩のパグに首輪とリードをつけて、そのあと後輩チワワの散歩準備をする。この順番はきちんと守るようにしましょう。

**5分テク**

**多頭飼いでは、首輪をいやがるなどの個々の問題をまず解決。先輩犬の散歩を優先させること。**

Part 4

気持ちがわかれば
カンタンにできる！

# 「トイレ」「留守番」「いたずら」解消編

トイレを覚えない、留守番ができない、部屋の中をあらす、かじる……。こんな悩みも、犬の本能や習性を知ればカンタン解決。なぜ、そんな行動をするのか。「犬の気持ち」を考えた、効果的な対処法を教えましょう。

## 53 トイレの場所は〝教える〟よりも〝スペース移動〟が効果的

愛犬がいつまでたってもトイレを覚えないと嘆く人は多いようです。トイレでない場所にオシッコをしている瞬間に、「コラッ！」なんて怒ってしまうことも……。

犬がなかなかトイレを覚えない理由、何だと思いますか？　それは犬が理解できる方法でトイレをしつけていないからなのです。

犬には「ここだよ」とトイレの場所を教えるより〝管理〟が効果的です。室内で放し飼いにしていませんか？　室内で好きなように歩き回っていると、利尿作用はいつ起こってもおかしくありません。

「あっ、オシッコしたくなっちゃった。クンクン、ここでいいっか」

これではいつまでたってもトイレ上手にはなってくれません。

飼い主さんにやってほしいのは、犬の居場所を決めておくことです。それがハウス。通常はハウスに入れておいて、ハウスから出し、トイレスペース（サークル）に移動させる。これだけです。

トイレサークルは少し広めにしておきます。ハウスから出して、そこへ移動したら、そのなかで少し動き回りますから、そうしたら排泄作用も、当然起こってくる。オシッコもウンチも〝そこ〟でできたら、「よくできたね」と、大げさでなくていいので、ほめてあげましょう。いつもはオシッコをすると怒られていたわけですから、この場合のほめ言葉は、効果的です。トイレが上手にできない犬も、これで大変身です。

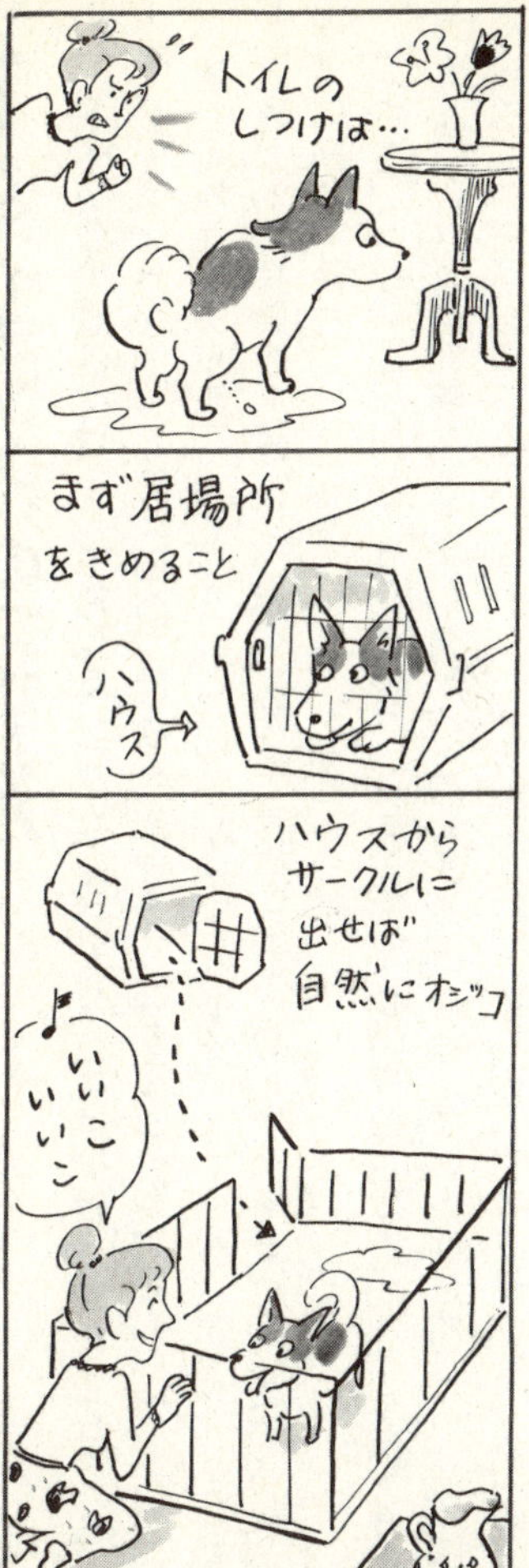


**5分テク**

**ふだんハウスを居場所にし、定期的にサークル（トイレスペース）に出せば動き回って自然にオシッコ。トイレの場所でできたらほめるだけ。**

# 54 トイレ上手に変わる〝タイミング〟のつかみ方

トイレの失敗は、けっして怒ったり叩いて叱ったりしてはいけません。犬は「ここでしてはいけない」と考えるのではなく、「オシッコすることがいけない」と、思い込む可能性があります。そうなると、室内でのトイレを我慢したり、散歩に出かけるとさかんに片脚をあげて思う存分することにもつながります。そそうをしたら、叱らずに黙って後片づけ、です。

さて、ハウスから出してサークルへ。これがトイレ管理の基本でした。朝は、サークルに入れれば問題なくトイレタイムということになります。人間と同じように、朝起きていちばんにすることはトイレ。実は犬にはトイレの〝タイミング〟があります。

朝のほか昼寝をしたあと、もそのタイミング。寝て起きたらサークルのなかへ移動させます。しばらく動き回っているとジャ～ということになります。飼い主さんと十分に遊んだあと、というのもそのタイミングです。遊びに夢中になっているとオシッコすることもウンチしたいことも、犬は忘れていますから、「はい、遊びは終了」といって、サークルへ移動させます。ここでトイレタイムを待ちましょう。

そわそわしだす、床の臭いをかぎ始める……これもトイレのサインです。トイレの場所を探して犬は落ち着かなくなるのです。さっとサークル内へ連れて行きましょう。

「なんだか最近、いつもきれいな場所で、落ち着いてトイレができるな～。あそこ（サークル）がその場所だって、覚えておけばいいんだね」

サークルの扉はつねに開けておきます。自分から入るようになったら大丈夫です。

トイレにはタイミングがある
起床後
遊んだ後
ソワソワしたら
そうだ、ここだと
おちつけて できるんだ

**5分テク**

**寝て起きたあと、動き回ったあと、そわそわしたときがトイレタイム。犬の尿意を見逃さずサークル（トイレスペース）へ移動しよう。**

## 55 「あちこちでトイレ」の習慣がなくなるトイレスペース縮小法

「子犬と違って、成犬の場合、トイレのしつけは簡単にできない」という話も耳にしますが、大丈夫。犬にはちゃんと〝考える力〟があります。

朝、ハウスからサークルへ移動してオシッコ。ここまでは飼い主さんが犬を連れて行ってやってください。このときサークルの「扉」は閉めておくこと。しばらくは〝そこ〟にいることを覚えてもらいます。

日中は、扉は開放しておきます。いつでもトイレへ行きたいときに〝自ら〟行ける状況をつくっておくのですが、〝あちこち〟が習慣になっているとしたら、サークルのスペースがトイレ場所だとはわかっていても、「えい、いいや、ここで」なんて思ったりもするわけです。そこであえてこんな方法。

サークルの外側にもペットシーツを敷いておくのです。しばらくは広めに敷きます。いつもいつも飼い主さんがサークルに連れて行けるとはかぎりませんから、この方法でしばらく対処。犬はサークル以外でも、きっとします。ポイントは、ここでそのシートをあえて替えないこと。犬はきれい好きですから、汚れていないところを探してジャ〜とやるはず。その場所をサークルのなかに誘導するというのがこの方法です。

飼い主さんがこの瞬間を見ることができ、管理できるのであれば、サークルに入ったら扉封鎖をどうぞ。そしてサークルのなかでオシッコができたら、ほめてあげてください。この5分間トレーニングをつづけていると、本当にある日突然、「サークルがトイレ」を認識してくれます。

サークルの外にもトイレシート
シートを取りかえないと…
ここも汚い あそこも！
きれいな所でしようっと
入ったら閉める→

**5分テク**

**はじめはサークルの外にもペットシートを。犬がきれいな場所でトイレをする習性を利用してサークル内でするように仕向ける。**

## 56 トイレ&ベッドをいっしょにしたケージ飼いから〝引っ越し〟を

初めて犬を飼うというとき、ペットショップですすめられるまま、ケージと、その中に入れるベッド（ハウス）と、同じスペースに入れるトイレをワンセットで購入しませんでしたか？　じつは、そのワンセットがこんな問題を引き起こしているのです。

「サークル内にベッドとトイレをつくって飼い始めました。サークルのなかでは成功するのですが、サークルの扉を開けて外で遊ばせていると、あちこちでトイレ。サークルのなかに戻ってすることはありません」

犬の習性からすると、間違った飼い方をしているのは飼い主さんのほうです。犬の先祖であるオオカミは、巣のなかを汚すことはありません。なぜなら、そこが巣であることを他の動物に知られてはいけないからです。安心して眠りたい場所の周囲を汚すということは、臭いをかぎつけてくる外敵の襲来を呼び込むこと。排泄は巣から遠くへ、遠くへ、が犬の習性です。巣のなかで食事をすることもありません。

そこで解決法は、犬の習性に従ってベッドとトイレを切り離すことです。ベッドとごはんはサークルの外へ、まず出してください。ベッドは、そのまま〝ハウス〟としての認識があるなら、それでいいでしょう。「ハウス！」の符号で、犬は安心してそこで眠ることができますから、サークルの外に出しても大丈夫。ごはんと水のスペースも、「ここよ」を教えれば、なんなくクリアします。

さて、すべてのお引っ越しがすんだサークルのなかは、あっという間に快適な排泄空間になるのです。

オオカミ時代
巣とトイレは遠かった
臭いをかぎつけて
敵が
おそって
くるんじゃ
ないかな〜
ベッドと器も
お引越を


**5分テク**

**サークル内にベッドとトイレをいっしょにした飼い方もトイレ失敗の要因。巣を汚さない犬の習性に従ってベッドと食事はサークルの外へ。**

# 57 お留守番ワンコがトイレの場所を覚える方法

共働きの方は働きに出ているあいだ、犬は一日中お留守番。そこでこんな相談。

「留守中はハウスに入れておきたいのですが、長時間だと排泄が心配です」

ご相談の犬はまだ子犬。長時間のお留守番ということであれば、ハウスの扉を開けてサークルに行けるようにしておくのもやむをえません。そこで考えたいのは、ハウスとサークルの位置です。まず、ハウスは部屋の隅に置いておきましょう。

犬は日当りも、風通しも気にしません。長時間のお留守番ならなおのこと、部屋の隅、窓から遠くて静かな場所がいいでしょう。サークルはその対角線上の、いちばんハウスから遠い場所へ。犬は「巣」からいちばん遠いところで排泄をするというのが習性だからです。

ただし、サークル内で何回か排泄すると、当然シーツが汚れます。日中は〝汚れたら替える〟ことができないわけですから、ここはサークルなしのトイレトレーニングに取り組みましょう。

ハウスの対角線上にペットシーツを敷きます。そこを中心にサークル内に敷いている分より広く、広く敷いてください。まだ子犬ですから、あちこちでするでしょうが、しだいに〝いちばん遠いところ〟が、ハウスとの位置関係で〝快適なトイレ空間〟を学習していきます。飼い主さんはその様子を、帰宅したらしっかりチェック。排泄の場所が〝狭く〟なってきたら、シーツの数を減らしていきましょう。

長時間の留守番には
対角線上の一番遠くへ
サークルなしで広めのシーツ
なるべく遠く
なるべく遠く
一番はじのここがいいや


**5分テク**

**長時間留守番させる場合は、ハウスを部屋の隅に置き、サークルはその対角線上のいちばん遠い場所へ。**

# 58 「散歩中しかトイレをしない」問題を解決する2つの方法

「外（散歩）でしかトイレをしてくれないんです……」と悩む飼い主さんは多いかもしれません。室内でトイレをしない習慣ができてしまうと、雨が降ろうが雪が降ろうが、台風の日でも朝晩散歩に連れ出さなくてはならないわけですから、大変です。

さて、この状況を打開する方法は2つ。「マーキング排尿」と「歩かない散歩」にトライしてみましょう。

「マーキング排尿」は、犬友だちの家のワンコの〝尿〟を拝借してきます。尿の臭いがついたペットシーツを1枚2枚。それをトイレスペースにしたい場所に置きます。すると犬はその臭いでマーキング（おしっこ）。

「歩かない散歩」です。いつものようにリードをつけて、敷地内に庭があるなら、そこでしばらくリーダーウォーク。ごはんを食べたあとなら、排泄の欲求は高いはずですから、そこでウンチをさせるように仕向けます。

ここでウンチをしないのであれば、敷地内をほんの少しでます。排泄をしても迷惑のかからない場所でストップ。飼い主さんは知らん顔して、その場を動かない。すると、庭で体を動かしていますから、犬は少しの距離でも「ウンチ！」。排泄をしたら、即、家に帰ります。こうして、家とウンチをする場所の距離を少しずつ縮めていくのです。

散歩と排泄は〝セット〟になってしまった犬が、早々と考えを改めてくれるとはかぎりません。成犬になっていればいるほど、難しい。そう考えてトライしてください。

散歩とトイレのセットをやめるには…
① トイレスペースに
友人の犬の尿
クソ！おれもマーキング
② 散歩せずに
リーダーウォーク
うっ もよおしてきた

**5分テク**

**外でしかトイレをしない犬には、ほかの犬の尿がついたシーツをトイレスペースに。または、食後のリーダーウォークで、まず敷地内でトイレを。**

## 59 「うれしょん」は早めにこの手でストップ

飼い主さんが帰宅したとき、しっぽを振りながらオシッコをジャ〜。お客さんが来たときに、ジャ〜。犬が興奮したときにおもらしする「うれしょん」。こんなとき、飼い主さんが騒ぎ立てるとますます犬は興奮し、うれしょんがクセになってしまいます。また、飼い主さんに対してやったときは「うれしょんだから仕方がない」と許し、お客さんに対しては、「ダメでしょ！　お客さんにそんなことしちゃ！」などと対応が違うと犬は混乱してしまいますね。

そもそもこの「うれしょん」、生まれたばかりの頃に母犬からなめてもらって排泄した記憶が残っているためのもの。成長するにしたがってしなくなる犬もいますが、習慣化しやすいものなので、早めにストップさせておきましょう。

さて、その方法とは？　うれしょんをしても、無視して、「叱らない」です。黙って後始末をする。ただ、これだけです。

お留守番をさせて帰宅したときにする場合は、犬を興奮させないよう、留守番のさせ方を変えてください（144・146ページ）。留守番をさせるとき、放し飼いにせず、〝ハウスのなか〟（148ページ）なら、なおいいでしょう。

飼い主さんが帰宅した様子を察知しても、いるのはハウスのなかですから、うれしょんでお出迎えはできません。

5分ほどクールダウンする時間を与えてから、ハウスから出す。これでうれしょんが習慣化してしまう心配もありません。

5分テク
**うれしょんは叱らず黙って始末。興奮が落ち着くまではハウスから出さない留守番のさせ方が習慣化を防ぐ。**

60

# 「食糞くせ」をなおすには“注目されたい”思考を断ち切ること

愛犬が自分の排泄したウンチを食べようとする現場を目撃したら、誰だってびっくりすることでしょう。「なにやってんの！」と大声でその行為を制止しがちです。

人間から見ると“異常行動”ですが、犬の食糞《しょくふん》行動は珍しいことではありません。

子犬は生まれてから2週間ほどはまだ、目も見えず、立つこともできません。排尿排便も、自分ではできません。この間、子犬のそけい部をなめて刺激を与え、排尿、排便の管理をするのは母犬の役割です。「巣」のなかに排泄物の臭いを残しておくわけにはいきませんから、母犬はきれいになめて後始末をする。これが犬の習性なのです。

さて、問題なのはここから。飼い主さんからの“大声”は、“声援”として受け取られることはすでにお話ししました。

「あれ？　ウンチを食べるとすっごく注目されるんだけど、またやっちゃおっかな」

この思考回路をつくりあげてしまうと、「また、注目されたい！」と、同じことをしてしまいます。これを繰り返させないためには、飼い主さんの排泄管理、です。

定期的にトイレに出して、ウンチをしたらすぐにウンチの後始末をする。エサの時間が終わったあとなら、ウンチも出やすいもの。しっかり横目で見ていてください。「最近、ウンチをしたらすぐにトイレから出されるんだけど、どうしてかな？　あの大注目、もうできないの……？」

そう、後始末を後回しにするから、食べる〝余地〟ができてしまうというわけです。ウンチをしたら、黙って後始末をする。〝声援〟をしなければ、問題は即解決です。

母犬は子犬のウンチを食べてあとしまつ
時には こんな犬も
声援してくれてるゾ
定期的にトイレに出して
アレ・すぐに しまつされちゃった 食べる間がなかったなァ…


**5分テク**

**犬の食糞行動は「大声で止めない」「注目しない」が鉄則。すぐに糞の後始末をして食糞をできなくする「排泄管理」も大事。**

## 61 お出かけ前の5分が「お留守番上手」になるカギ

「うちのコはお留守番ができない」という飼い主さんを見ていると、犬を家に残して出かける前に、必ずこんな行動をとっています。

「ごめんね～。これから出かけてくるけど帰るまでいいコにしててね、バイバイ」

この「別れの儀式」が犬を留守番下手にする一因。犬は群れで行動する動物ですから、じつは、ひとりは苦手なのです。その犬に向かって、

「あなたはこれからひとりになるのよ。寂しくなるんだよ！」

そう語りかけているようなものなのです。寂しさを募らせた犬がとる行動は？　そうをしたり、吠えたり、いたずらを繰り返したり……。いわゆる「分離不安」による〝問題行動〟がみられるようになります。

出かけるときに声はかけないこと。またハウスのしつけ（38ページ）も大前提です。ハウスに入っていれば、プライベート空間に安心できるはずです。

犬は飼い主さんが出かける支度をしていれば、自分も連れて行ってもらえると考えます。気分はウキウキです。この〝ウキウキ〟をできるだけ抑さえる対応をしましょ

う。着替えがすんで、出かける準備が整っても、しばらくは家のなかで過ごします。犬のウキウキがおさまるまでは、話しかけたり、目線を合わせないこと。そして犬が落ち着いたところで、さりげなく、スーッと出かけてください。

「出かけても、ちゃんと帰ってくるから、大丈夫！」

犬がそう思うようになるまで、出かける前の〝5分〟から慣らしていきましょう。

ごめんね
ごめんね
身仕度しても
しばらく
一緒に
そのうち帰って
くるさ


**5分テク**

**犬への別れのあいさつは、ひとりのストレスと不安を与える行為。話しかけたり目線を合わしたりせず、さりげなく出かけること。**

## 62 留守番がストレスにならない“帰宅後の5分”の習慣

「ただいま！　いいコにしてた？」と飼い主さんが帰宅したとたん、しっぽフリフリ駆け寄ってくる愛犬を抱きしめて、頬ずりしたりと、思う存分の再会。犬をかわいがるあまりの、この「再会の儀式」もやめたほうがいいでしょう。

「犬もうれしそうにしているのに、なぜ？」と思われるかもしれませんが、これも犬の幸せのため。犬は飼い主さんの帰宅で興奮状態です。ひとりぼっちで寂しかったわけですから、よろこびの興奮度は最頂点です。飼い主さんが犬を抱きしめたり、声がけをすればするほど、興奮しっぱなしということになります。

この揺り戻しのような精神状態を日常にしていると、犬の心は安定しません。不安定な精神状態は、犬に大きなストレスがかかります。結局、いつまでたっても留守番には慣れず、ストレス症状が出ることもあります。

だから、目線を合わせたり声をかけるのは、犬の興奮がクールダウンしてきてから。「あれれ？　ボク（ワタシ）がこんなに大はしゃぎでよろこんでいるのに、なんだか知らん顔してるんだよな……」

どうしてだろうと、犬は考えます。

「なんだか、張り合いがないな〜。もう大はしゃぎするの、やめよっ！」

これを繰り返していくと、「いってらっしゃい」「お帰り」が、スムーズになります。犬の精神状態も安定していられます。帰ってくるたびに犬を興奮させない飼い主さんの対応が、留守番しても平気な犬に変身させるのです。

大げさな再会シーンは
ただいま〜！
犬の心を不安定に
帰ってからも知らんぷり
そうか…. 大はしゃぎしなくてもいいんだね

**5分テク**

**「感激の再会シーン」も犬を精神不安定にし、留守番に慣れないモト。犬と目を合わせたり声をかけるのは、犬が落ち着いてからにすること。**

# 63 留守番中のいたずらは〝ハウス〟で解決

愛犬が留守番をしていると、部屋中が荒らされてグチャグチャ。これは飼い主さんが出かけてしまい、取り残されることへの不安（分離不安）からの行動です。出かけるときも、帰ってきたときも、犬を無視して接触を持たない。それをつづければ、不安を感じることはなくなり、問題行動もしないようになります。

即効性がある方法としては、外出中はハウスに入れておくこと。部屋に取り残されれば、外部の人間が入ってくるかもしれないとつねに緊張していなければならないし、周囲の環境音だって気になります。不安になる材料がいっぱいあるわけです。

しかし、ハウスのなかにいれば、周囲を囲まれていて安心。だれかが入ってくる心配もありません。落ち着いた気持ちでいられるから、問題行動は起きないのです。

「そんなに長い時間ハウスに入れておいて、食事やトイレは大丈夫？」

と疑問に思うかもしれませんが心配はいりません。7時間、8時間くらいはハウスに入れっぱなしにしても、まったく問題なし、です。

夜のことを考えてみてください。飼い主が寝ているあいだ、犬がトイレに用を足しに行ったり、エサを食べたりしていますか？　人間の睡眠時間程度なら、犬は悠々耐えらます。

狭いハウスに長時間閉じ込められたら、ストレスがたまりそうですが、じつは逆なのです。外出するときにエサを与え、排泄をすませてしまえば、ハウスは犬にとって、どこよりも快適な空間になります。

**5分テク**

**留守番中の「分離不安」を防ぐにはハウスに入れておくこと。〝巣〟のなかで長時間でも安心して過ごせる。**

## 64 トイレシーツをかじるくせに効く"おもちゃ"の工夫

飼い主さんが家を空けている間に、トイレシーツがボロボロにされている……。犬がこんないたずらをするのは、その環境になんらかのフラストレーションを感じている証拠。いたずらに見えても、じつは、フラストレーションを解消する行動なのです。

シーツをかじってボロボロにしてしまうということは、トイレのスペースと居場所が切り離されていない、ということ。たとえば、サークルで囲ったなかにトイレを置き、トイレ以外のサークル内のスペースが居場所&遊び場所になっている、といったケースです。これがそもそも環境的な問題点です。かじるにはうってつけのシーツがそばにあったら、ビリビリやってボロボロにしてしまうのも当然でしょう。

さらに飼い主さんが、「あっ、またこんなにしちゃって。だめじゃないの!」と大騒ぎしたら、犬はますます"やる気"に燃えます。「こうすると、ご主人は注意を向けてくれるんだ」と考えてしまうからです。

トイレスペースは独立させて、ふだんの居場所とは切り離すようにしてください。出かけるときは、トイレスペースに入れ、排泄がすんだら出してやる。トイレと居場所が同じスペースというのは、犬にとって劣悪な環境だということを知ってください。

かじるという行動自体は、遊びであったり、エネルギーの発散であったりするので、むやみにやめさせようとすると、かえってフラストレーションがたまることもあります。かじってもいいおもちゃを与えておいてはどうでしょう。おもちゃをかじるのは、〝いたずら〟ではなく、〝遊び〟ですから……。

さびしいよ～
トイレ
ちょうどいい かんじゃえ！
トイレシート
トイレと居場所は別々に
かじることは遊びにさせる
おもちゃ

**5分テク**

**留守番中の〝いたずら〟は〝遊び〟に転換。トイレと居場所を分け、かじってボロボロにしていいおもちゃを用意。**

## 65 部屋中のモノを散らかす犬への根本療法

「このコったら何でもかじるんだから。部屋を片づけたって、すぐ散らかしちゃう」

飼い主さんのそんな声もよく聞きます。部屋に置いてあるものをあたりかまわずかんだり、引きちぎったりするのは、それに興味があるとか、好きだから、というわけではありません。クッションやスリッパはよく狙われますが、犬があえてそれらを狙っているなんてことはないのです。

自分の行動に注目させることで、自分が上位であることを示そうとしている、といっていいでしょう。これに飼い主さんは乗せられてしまいます。

「クッションはかんじゃダメ。ほら、放しなさい！」

こう叱りつけるわけですが、犬は叱られているとは感じません。自分の行動にやんやの喝采《かっさい》が浴びせられている、と受けとるのです。下位にいる飼い主が上位の自分に拍手を送っている、くらいに考えているわけですね。

クッションをかじるという行動だけに目を向けていては問題は解決しません。その行動に駆り立てている根本原因を取り除くには、主従関係をただちに入れ替えること。

ずばり、「ホールドスティル」（54ページ参照）です。犬の後ろに回って、ゆっくりカラダを抱きかかえます。抵抗してもカラダを密着させて、静かになるまでその態勢をキープしましょう。

さらに、「マズルコントロール」（54ページ参照）、「タッチング」（56ページ参照）をおこなうと、効果はさらに高まります。

ボス化した犬は・・・
ねえ ホラ みて、みて
叱り声も 喝采に
おまえは下
主従関係を入れかえよう


**5分テク**

**クッション・スリッパをかむのは、遊びではなく自分が上位だというアピール。ホールドスティルやマズルコントロールが効果的。**

## 66 動くモノに食らいつくくせは“マズルコントロール”で対応を

部屋で過ごしているとき、パンツの裾に食らいついてきたりしませんか？　あるいは拭き掃除をしているときに、雑巾めがけて突進してきて、グチャグチャかむ、ということはないでしょうか。動いているものを追っかけて、かみついてくるというのも、犬にはよく見られる行動です。犬がじゃれているように見えるかもしれませんが、これも権勢《けんせい》本能（自分は偉い！）のあらわれなのです。

「またじゃれているんだから……、このくらいはいいか」とそのままにしておくと、権勢本能はエスカレート。飼い主より自分が上位にいるのだ、という思いがますます強くなってしまいます。そうした行動があらわれたら、すぐに「ホールドスティル＆マズルコントロール」（54ページ）で対応してください。

犬は権勢本能と同時に服従本能も持っています。前者を押さえ込み、後者をグングン伸ばすのに、これにまさる方法はありません。本来、マズル（口）はいちばんさわられたくない部分。そこを飼い主さんが自由に動かすことで、犬は「自分はこの人に服従しているのだな」と考えるのです。

とくに人間に対して敵意を持っていない若い犬の場合は、その場でガラッと変わります。暴力的な対応をされて育ってきた犬は、人間に不信感や敵意を抱いているわけですから、すぐに飼い主さんを「信頼できるリーダー」と認めるのは難しいでしょう。

それまで誠実なつきあい方をしてきた飼い主さんなら大丈夫。いつからでも主従の入れ替えは簡単にできます。

**5分テク**

**じゃれて遊んでいると思っているとボス化まっしぐら。ホールドスティル&マズルコントロールの習慣で主従の入れかえを。**

## 67 ゴミ箱をあさるくせが消える〝与えっぱなしおもちゃ〟のつくり方

キッチンのゴミ箱をあさられて困っている。「叱ったらよけいするように……」「怒ったら、ウウウッとうなり声を上げられた」。そんな声をよく聞きます。食べ物の臭いがついているゴミ箱に犬は興味津々。探索しないではいられないのです。

まず、してほしいのは犬が興味を示しそうなゴミ箱などを犬から「隔離」すること。キッチンのドアを閉めて行けなくするとか、高いところに置いて手が出せないようにするとか、家の状況に合わせて工夫しましょう。

そして、何か興味を持つものを与える。ものの5分もかからずに手作りできる〝与えっぱなしおもちゃ〟はどうでしょう。使わなくなったタオルにドッグフードを少し入れてギュッとしばる。作業工程はこれだけです。ドッグフードのおいしい臭いがしますから、このおもちゃは犬の興味を間違いなく惹きます。

かじったり、引っぱったり、振り回したり……。好きなように遊ばせてあげてください。タオルがボロボロになって中身がこぼれてくるまでが、このおもちゃの消費期限ということになりますね。

ひとつ夢中になれるおもちゃがあったら、ほかのものに対する興味は薄れます。

「いい臭いがするし、こいつはボクのお気に入りだ。きょうもこれで遊ぼう」

そう犬は考えるのです。つまり、与えっぱなしおもちゃが、いたずらされては困るものの、いわば、セーフティネットの役割をはたしてくれる、というわけです。効果絶大ですから、さぁ、手作り開始！

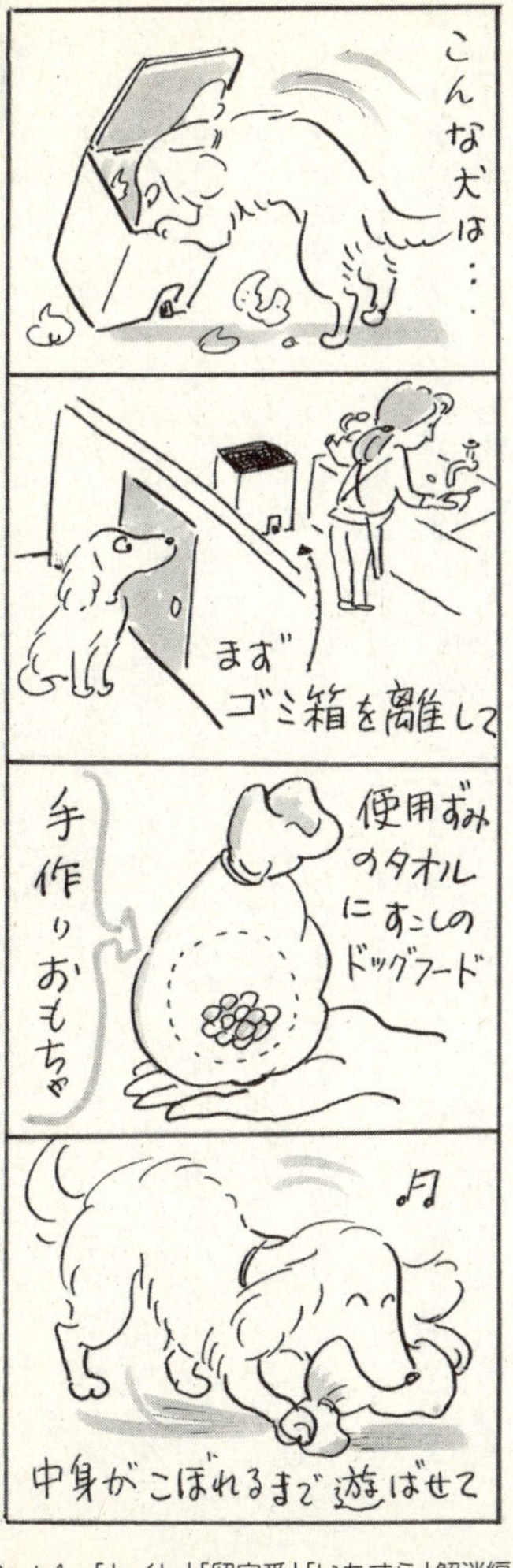

こんな犬は…
まず
ゴミ箱を離して
手作りおもちゃ
使用ずみのタオルにすこしのドッグフード
中身がこぼれるまで遊ばせて


**5分テク**

**ゴミ箱をあさる犬は、まずゴミ箱に近づけないようにし、おいしい臭いがする手作りおもちゃを与えて遊ばせる。**

## 68 エサを食べ残すくせに効く〝片づけ〟の習慣

以前はよく食べていたドッグフードを同じ分量あげているのに、このごろ食べ残すようになった。そんなとき、「食べ飽きたのかな？」と、エサのグレードアップをしていませんか。こんなことを繰り返していると、犬は食べ残すとごはんがぜいたくになることを学習してしまいます。お肉を混ぜてあげたりなんかしたら、もう大変。「グルメ犬」へまっしぐらです。たんにぜいたく、わがままというだけでなく、肥満になり、いずれは健康被害に悩まされることになってしまいます。

犬がそれまで食欲旺盛に食べていたエサを残すようになるには、2つの理由が考えられます。ひとつは健康上に問題があって食欲がなくなっているケース、もうひとつは、ただカラダが要求しないから食べないというケースです。

前者の場合は、日々の様子から判断し、獣医師の診断を仰ぐ必要がありますが、後者の場合、ドッグフードをグレードアップする必要はありません。食べ残していたら、食器を片付ける。これだけです。

「あんなにいっぱい、おいしいもの食べさせてくれたのに、なんで〜？」

そんな要求があっても、黙ってさげてください。これも5分とかかりません。おなかがすけば、次の食事時間には〝ガツガツ〟ということになりますから、大丈夫。その他、食事の管理に関しては、32・53・78ページも参照してください。食事のほか、排泄、飼育場所、散歩……など、飼い主さんのちょっとした「管理」が、犬を賢く変身させるカギを握っているのです。

5分テク

**グルメ犬はメタボのモト。食べ残したドッグフードは黙って下げる習慣で犬は賢く健康になる。**

## 69 多頭飼いがうまくいく〝順位づけ〟法

2頭以上の多頭飼いの原則は、1頭1頭のしつけをしっかりする、ということ。前にも述べましたが、それぞれの犬とちゃんと主従関係を築いていれば、何頭いてもコントロールするのは簡単です。

また、犬同士の優先順位をはっきりつけておくことも大切です。たとえば、1頭飼っていたところに新しく子犬がきた場合、どうしても子犬に手をかけがちになります。それが先輩犬のストレスになって、問題行動が発生したりします。

それは子犬にもいい影響は与えません。マネをして同じようなトラブルを起こす、ということになるからです。そうならないためのカギは、とにかく先輩犬を優先するということにつきます。エサを食べる順番も、散歩に出るさいリードをつける順番も、飼い主との接触も……すべて先輩犬を優先するのです。

優先順位をはっきり示しておけば、

「新しくきたコより、やっぱりボクのほうが上位なんだ。ご主人もちゃんとそれをわかってくれているな」

と犬は考えますから、余計なストレスを感じることもなく、心穏やかにすごせるのです。新参者のほうも、「自分は2番目」という意識を持ちますから、自然に先輩犬に従うようになるでしょう。

群れのリーダーに従っているのが、犬にとっていちばん安心できる生き方。優先順位を明確にすることは、後輩犬の幸せでもあるのです。

**5分テク**

**子犬にばかりかまうのは先輩犬のストレスに。ごはんやさわる順番を「先輩優先」にすれば、多頭飼いはうまくいく。**

# 70 先輩犬と後輩犬、食事の〝時間差〟戦略でトラブル激減

多頭飼いでのトラブルとして、こんな相談を受けたことがあります。先輩犬が後輩犬の耳をかんでいることがよくある。仲よくやっていけるか心配だ、というものです。

かむといってもこれは甘がみ。甘がみは順位を確認する行動です。先輩犬が後輩の耳を甘がみすることで、「オレのほうが偉い」ということを知らしめているわけ。大ゲンカに発展することはありませんから、やらせておけばいいのです。

多頭飼いでちょっと注意して欲しいのは食事の問題です。たとえば、2頭飼っている場合、食事を同時に与えていることが多いのではないでしょうか。すると、自分のエサを平らげてしまった先輩犬が、後輩犬のエサをぶんどって食べてしまう、ということが起こります。その結果、「食べすぎ」の先輩犬は肥満になり、健康面で問題が起きることにもなります。

食事は「時間差」で与えるのがいいでしょう。先輩優先が鉄則ですから、まず先輩犬にエサを与える。食べ終わったら、もちろん、食器は片づけます。後輩犬にエサを与えるのはそれから。食べている途中に先輩犬が〝介入〟しないように、ハウスに入

れるとか、別の部屋に入れるとか、リードでつなぐとか、距離を置いておくのがポイント。食べ終わったらエサが残っていても、そのままにしないで片づけてしまいます。

また食事を時間差で与えると、それぞれが安心して食事ができます。同時に与えると一方がちょっかいを出すこともありますし、出されたほうは気になって食欲が落ちたりします。周囲を気にせず、集中して食事をするためにも時間差は有効です。

**5分テク**

**2頭同時に食事をすると、先輩犬が後輩犬のエサを奪うトラブルに。時間をずらしてあげれば、それぞれ邪魔されず集中して食事ができる。**

本書は、二〇一一年に小社より四六判で刊行された『カリスマ訓練士のたった5分で犬はどんどん賢くなる』を、加筆のうえ、改題、再編集したものです。

青春文庫

ムダ吠《ぼ》え・カミぐせ・トイレ問題《もんだい》…

# たった5分《ふん》で犬《いぬ》はどんどん賢《かしこ》くなる

2013年 6月20日 第1刷

著　者　藤《ふじ》井《い》　聰《さとし》

発行者　小澤源太郎

責任編集　株式会社プライム涌光

発行所　株式会社青春出版社

〒162-0056 東京都新宿区若松町 12-1
電話 03-3203-2850（編集部）
03-3207-1916（営業部）
振替番号 00190-7-98602

印刷／大日本印刷
製本／ナショナル製本

ISBN 978-4-413-09575-4

# パリの蜂起

## 小説フランス革命２

佐藤賢一

集英社文庫

パリの蜂起　小説フランス革命2　目次

地図・関連年表デザイン／今井秀之

**【前巻まで】**

1789年。フランス王国は深刻な財政危機に直面していた。アメリカ独立戦争についやした巨額の戦費、大凶作による食糧不足、物価高騰。苦しむ民衆の怒りは爆発寸前。財政立て直しのため、国王ルイ十六世が百七十余年ぶりに全国三部会を召集し、聖職代表の第一身分、貴族代表の第二身分、平民代表の第三身分の議員たちがフランス全土から選出された。貴族でありながら民衆から絶大な支持を受けるミラボーは、平民代表として議会に乗り込むが、特権二身分の差別意識から、議会は一向に進展しない。業を煮やした第三身分は自らを国民議会と宣言。ミラボーの裏工作も功を奏し、第一身分を味方につけることに成功する。